中外园林景观品鉴3

APPRECIATION OF LANDSCAPE AND GARDENING OF CHINA AND ABROAD 3

林小峰　等◎著

中 国 林 业 出 版 社

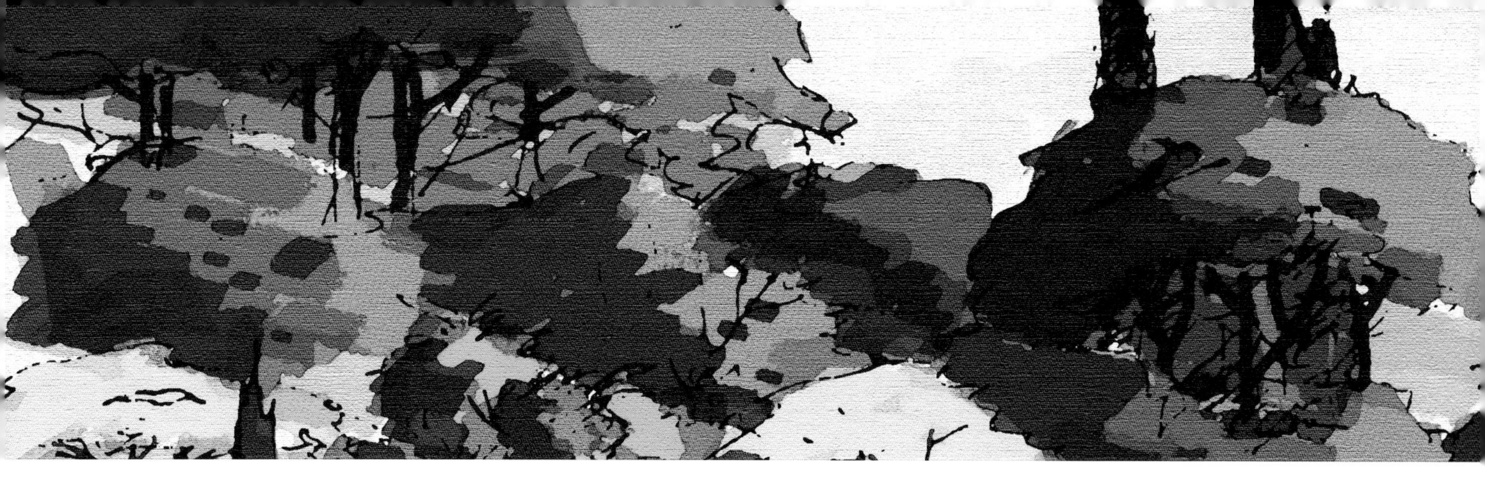

图书在版编目（CIP）数据

中外园林景观品鉴. 3 / 林小峰等著. -- 北京 : 中国林业出版社, 2017.5

ISBN 978-7-5038-8990-5

Ⅰ. ①中… Ⅱ. ①林… Ⅲ. ①园林设计－景观设计－品鉴－世界 Ⅳ. ①TU986.61

中国版本图书馆CIP数据核字(2017)第079790号

责任编辑　何增明　盛春玲

出版发行　中国林业出版社（100009　北京市西城区德内大街刘海胡同7号）
E-mail：hzm_bj@126.com　电话：(010)83143567
http://lycb.forestry.gov.cn
制　　版　北京美光设计制版有限公司
印　　刷　北京雅昌艺术印刷有限公司
版　　次　2017年5月第1版
印　　次　2017年5月第1次印刷
开　　本　889mm×1194mm　1/16
印　　张　12
字　　数　314千字
印　　数　1-3000
定　　价　98.00元

未经许可，不得以任何方式复制或抄袭本书之部分或全部内容。
©版权所有 侵权必究

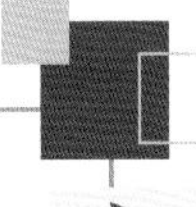

主要作者 AUTHORS

》林小峰

》虞金龙

》陈胜洪

》蒋坚锋

》吴锦华

》宫明军

》董楠楠

》易兰设计

》彭已名

》陈静

》周蝉跃

序 FOREWORD

郑淑玲

上个世纪90年代，我还在建设部城建司工作的时候，就认识了在南京园林局工作的林小峰，当时对他最深的印象是勤奋好学、求真务实，有着年轻人特有的朝气和魄力。后来他到了上海中心城区的绿化局工作，随着年龄的增长和业务能力的提高，他逐步走上领导岗位，但不论他在哪里，从事什么工作，却始终保持着一贯的优良品质和认真严谨的做事风格。

十年磨一剑，砺得梅花香。我读过林小峰花了十年时间写的20多万字的《中外园林景观品鉴》系列的第一部，印象十分深刻，正如当初上海园林局胡运骅老局长给这本书的评价："言之有物，评之有道，深入浅出，寄情论理，融会贯通。"

风景园林在我国有着数千年的辉煌历史，需要继承和发扬。上一本《中外园林景观品鉴2》更多偏向于中外古典经典园林作品，《中外园林景观品鉴3》则主要是现代园林景观作品，这是目前时代发展所决定的。我国现在面临大发展、大建设时期，风景园林需要发扬、更需要创新。我认为只有我们共同努力，才能无愧于这个伟大的时代。

《中外园林景观品鉴3》的编著邀请了中国园林界颇有影响的设计师、行业领导、专家学者等一起来参与，其中既有业内翘楚，也有一大批有想法、有作品的优秀行业专家（甚至还有花

友）一起共同参与、共襄盛举，这是我们风景园林界以及爱好者精诚团结、合作有为的好事！他们向读者展现了法国新锐花园的天马行空，意大利垂直森林的奇思妙想，美国私人花园的个性十足，新加坡的立体花园，当然还有中国园林界的优秀案例和项目实践成果。正可谓一花独放不是春，百花齐放春满园。相信中国风景园林的从业者和爱好者都会从这图文并茂的书中受益匪浅。

祝贺《中外园林景观品鉴3》出版，期待《中外园林景观品鉴4》早日出版。

郑淑玲

原国家建设部城建司副司长　中国风景园林学会副理事长
北京中国风景园林规划设计研究中心副董事长/总经理

自序 FOREWORD

林小峰

1000天过去了。

这是从《中外园林景观品鉴》第一部出版后到大家看到这本书的时间。在这个时间段里面，我的职业生涯发生了许多变化：身份的转换、职位的转变。然而，职业的习惯还是恒久不变：

继续在行走，这些年，去了英国、法国、意大利、俄罗斯等地；

继续在写作，这些年，又写了几十篇关于国内外园林文章，一些发表的文章得到专业读者的喜欢。

有位绿化局领导曾经对我说，我把你写的文章放在办公室桌上，有空就读一篇，不累。出版社编辑经常拿读者的期待来鼓励我继续写作，他们说这本书图文并茂、深入浅出是专业读者和爱好者都喜闻乐见的。于是继续笔耕不辍，不知不觉，在这1000天又攒够了出专辑的文章与图片。

然而，一个人的视野毕竟有限，不可能穷极世界。我知道很多的业内精英也有行走与写作的习惯，中国林业出版社的编辑也倡议我和这些精英们合作，一起来共襄盛举。于是，邀请了国内的一些知名的设计师、专家学者、业内领导，还有一些花友，把他们的作品、看到的精品与读者进行分享。这样书就扩容了，于是就有了《中外园林景观品鉴》的第二部与第三部。

这样的优势是：地域扩大。涉及五大洲近20个国家和地区，一些国人很少涉猎的区域也有风景园林师的专业介绍，这些地方各具特色、异彩纷呈。同时，从《中外园林景观品鉴》第一部出版后

外国读者的反馈来看，他们也迫切希望知道中国园林的新发展，所以我们也有意识地增加了这两年国内风景园林界的一些优秀案例，真正做到品古今、鉴中外。

类型丰富。从古典园林到现代园林、从城市到乡镇、从公共绿地到私家花园、从平面设计到立体绿化、从星级宾馆到乡村复兴、从百年花展到新兴展会，包罗万象。

客观独到。所有作者都是资深的园林工作者，即使是花友也是见多识广的准专业水平，绝不仅仅局限于景色的表面描绘，他们恰如其分的介绍、抽丝剥茧的分析、一针见血的评价、构图精美的图片，保证整本书的专业性。

效率提高。第一本书我整整写了十年，如果还是一己之力，不是不可以，但节奏偏慢。有了众人的参与，出书时间缩短。对于读者来说，在相对短的时间内可以一览大千世界的风光，是好事。

当然，毕竟有20位的作者参加了第二部和第三部的写作，每个人的视角与写作习惯各不相同，存在差异大的客观事实，这给我统稿时提出了高标准的挑战，也花费了相当的时间与精力，甚至觉得改文章的难度不亚于做园子。正值我的事业转型期，整段空余时间有限，所以前前后后又花了整整三年时间，好在我们的书好像是电视剧的系列片而不是连续剧。我们通过分类型的方式对所有稿件进行系统整理，对于作品中文字和图片不是同一作者的，则在图注中注明图片拍摄者。在这两本书中，我也承担了每一本书大部分的写作，保持了书的整体定位与风格还是相对统一，从目前样书

来看，基本达到我们和出版社的初衷。

《中外园林景观品鉴2》偏重于古典与经典的园林作品，《中外园林景观品鉴3》偏重于现代景观。不过，这是我们与出版社第一次尝试这样的组合，肯定存在不够完美之处，期待大家多提修改建议。

我问过自己，为什么在公司工作那么繁重的情况下还要写作，因为写作毕竟不能带来直接经济效益，要算投入产比肯定很不合算，同时这么多作者不计名利投入一个系列丛书写作的动力是什么？答案其实非常单纯：因为爱！

因为我们爱这个专业，这个充满了美与好的职业给我们这些从业者带来艰辛劳顿，但更多的是愉悦。这份愉悦来自每一个我们设计过的园林，来自我们亲手栽下的每一棵树、每一朵花。这一点给我们幸福。

因为我们爱这个国家，这个历史悠久、物华天宝的伟大祖国曾沧桑坎坷，但更多的是奋发，这份奋发也来自我们喜爱的每一座高山、每一条河流、每一个景区。这一点给我们力量。

因为我们爱这个世界，这个多姿多彩、变幻无穷的世界也有纷扰争执，但更多的是希望，这份希望来自不同国家、民族、信仰对每一个花园、每一个花展的态度。这一点给我们信心。

不忘初心，方得始终。正是这份充满爱的满满能量，支撑我们走遍千山万水，历经千辛万苦，

凝结成千张图片与几十万字，沉甸甸地放在读者的手中，我们更希望那份爱能走进您的心里。

感谢中国林业出版社的青睐，特别是何增明、盛春玲编辑的辛苦工作，还有设计团队的精心制作；特别感谢其他作者的大力支持，那么多著名的业界大咖无私分享，正是他们使得这本书异常好看；特别感谢著名园林设计师、画家徐东耀老师为本书绘制精美插图；还要感谢《园林》《绿笔采风》等杂志，正是这些中国出色的专业杂志保证了这些文章的诞生；最后，感谢《中外园林景观品鉴》的读者们，你们的期待是我们前行的动力。

如果说《中外园林景观品鉴》第一部是一棵破土而出的幼苗的话，《中外园林景观品鉴2》与《中外园林景观品鉴3》就是在众人的呵护下生根发芽的小树，让我们一起努力，使它早日开花结果吧！

2017年3月22日

目录 CONTENTS

立体的构成

新材料、新工艺带来新理念，绿化完全可以像水泥玻璃一样成为任意组合的材料来加以运用。不信你看：米兰把垂直森林种上了上百米的高空；埃菲尔铁塔边的布朗利博物馆墙面成了画布；新加坡的立体绿化让花园城市变立体；更不用说传统的立体花坛讲新的故事了。

只是要注意，想象力与执行力的关系，米兰世博会中国馆就因此引发争议。

从此可以，无建筑不森林

——米兰的垂直森林亲历记

撰文 / 林小峰

上图 仰视建筑，垂直森林横空出世

图1 两座“植物高塔”

图2 垂直森林成为米兰的新标志

图3 实景“效果图”

图4 现代硬朗的建筑和柔软自然的绿色植物相映成辉

图5 植物柔化了硬朗的建筑轮廓，城市人群与自然相拥

图6 垂直森林的魅力外廓

立体绿化范畴里面的屋顶花园人们已经耳熟能详，墙面花园也逐渐司空见惯，它们都是解决大城市“水泥森林”这个城市疾病的有效方式。偶然机会，看到米兰新完成建造的“垂直森林”照片，超高层的建筑外墙长满大型乔木，令人眼前一亮、啧啧称奇。这个景观效果让人过目不忘，但一直以为这些还都是效果图而已。因为常识上小型的草本植物做垂直绿墙确实有例在先，但大型乔灌木怎么可能栽植到超高层建筑的立面呢？心中好奇的种子当时已种下：到底这个项目的实景如何？有机会想一睹为快。当真正来到位于意大利米兰市区西北的垂直森林项目现场，眼前实景与脑海中定格的那些效果图完全吻合，才恍然大悟原来“垂直森林”已经成为现实了！

项目位于米兰CBD新区，周边包含了国际著名设计师西萨·佩里设计的联合信贷大厦等建筑群，个个造型独特，色彩炫目。垂直森林的两栋大楼既不是最高、也不是最大的建筑，但通体绿色、生机盎然，卓尔不群地傲视着那些以水泥、玻璃、瓷砖、石材、金属装饰的邻居，好似一位清水出芙蓉的佳人瞬间秒杀周边一大堆穿金戴银的贵妇们。

仰视这分别高112米和80米的双子塔，可以看到建筑外立面是硬朗的深灰色，阳台黑白色相间，深灰色的建筑基底色好似黑黝黝的高山，不规则但有节律的白色阳台悬托起绿色植物，仿佛顽强的植物生长在陡峭的悬崖上，具有旺盛的生命力。走近建筑物，小角度抬头仰望这两座大楼，大楼的形体已经虚化，乔灌木组成的绿色通过阳台衔接由点到线，再由线到面，再由面到体，多角度、多层次、多方位地扑向观众视线，的确让人叹为观止。

踏入这座现代简约的楼宇，进入精装样板房内，室内风格同样是现代简约，每一扇落地玻璃门外，都是绿影婆娑。推开玻璃门进入阳台，立即就被满眼绿色所吸引。环顾四周，上下层居民阳台呼应，错落叠加，因而植物在阳台上有较多的生长空间。每一层的居民不仅可以感受自己家阳台的绿色，也能看到下层和上层邻居家阳台的绿色。让家被立体绿意包围，居民身处城市，而满目青翠，同时也拉进了邻里关系，促成邻里互动，可以想象一下上下邻居在一边养护植

图7 从这个角度享受到邻居家的绿意

图8 从客厅观外面阳台的景色

图9 俯视成景

图10 从自家阳台俯视可看到邻居家的绿意

图11 每个房间的落地门与阳台的绿植相互映衬

图12 建筑结构错落，使得邻里之间有交流

图13 自家阳台和邻居阳台构成阶梯式绿意

物，一边家长里短聊天的生动场景。

再细看植物，这些绿植都种在阳台上的花槽内，花槽内有1米左右的覆土，下层种植草花和小灌木，上层种植乔木和大灌木，品种以当地树种为主。虽然阳台种上植物，但是上下层植物之间留足人们活动的空间。这正是人的视线高度，放眼望去，城市面貌尽收眼底。站在几十层高的公寓阳台，伴着绿色植物，米兰春天的干热渐渐从身边溜走，和着微风，感觉空气也变得清新许多。居民在享受绿色植物环境的同时，也能充分感受高层建筑的开阔视野。

图14 从阳台俯瞰米兰老城区

图15 阳台上的植物丝毫遮挡不了落地玻璃门，将天光尽数收纳

图16 站在阳台俯瞰城市新区，风景尽收眼底

图17 阳台上专设有维修门，供维修人员使用

图18 花坛施工中，乔木被槽钢固定，不会被风吹走造成安全问题

图19 大树有支撑不会倒伏

阳台上植物都被花盆和花槽固定住，每棵大型乔灌木用钢条纵向加固，防止倒伏，看上去均长势良好。在阳台一处发现的小铁门，是专供维修人员出入的检修通道。从阳台望去，另一座塔楼屋顶情况一目了然。屋顶上停放着一座大型起重设备卷扬机，随即明白通过卷扬机起吊绿植可以完成植物更换，再从每家留好的阳台铁门进出，省时省力，可以看出设计者的匠心独运、周密细致。

看完了现场，心中的问号很多：在高层建筑外栽植乔木，设计师是如何想到这个方案的，又是如何建造和维护的？带着这么多的疑惑，我们走访了该项目设计单位——意大利著名的博埃里建筑设计所。

斯蒂凡诺·博埃里先生是世界著名的建筑师、策展人、评论家及教育家。他于1989年在威尼斯IUAV大学获得博士学位。2011年至2013年，他曾担任米兰市副市长，主管文化时尚，并是米兰2015年世博会总规划师及命题人，目前是佛罗伦萨市长首席城市文化专家顾问。博埃里先生同时是米兰理工大学城市学教授，曾执教于美国哈佛大学、哥伦比亚大学、麻省理工大学、荷兰贝拉罕建筑研究所、莫斯科斯特来卡等国际著名建筑院校。听他和助手娓娓道来其中端倪。

原来，米兰是时尚之都，也是著名皮鞋制作之地。没有想到，米兰这个世界时尚之都的空气污染很严重，小污染物颗粒导致的癌症和呼吸疾病胜过欧洲的其他城市，更是“荣登”全球最脏的10座城市之一。在米兰生活一天，吸进的污染空气等于吸15支烟。污染问题刺激米兰人的神经，于是建筑师斯蒂凡诺·博埃里产生了建造“垂直森林”的构想。他说，他的灵感来自仙女达芙妮被变成一棵树的神话。“为什么不能将平铺的森林立起来，在寸土寸金的大城市里建造一个人与自然共同的家呢？”这个项目真正操作起来牵涉的复杂因素远比普通建筑多得多。两栋楼成本造价高达6500万欧元！幸运的是业主明白建筑师的想法并接受，使得设计师可以完全按照自己的想法去探索实践。

设计概念横空出世，技术问题随之而来：如何将这个效果图变为现实，是一个复杂而艰深的工程问题。首先是安全问题。博埃里曾表示，目前安全问题是决定该项目成败的主要因素，“如果楼上的树木被大风吹断并从高处落下，那可能会酿成大祸。我们正通过风力涡轮机对各种树木进行安全测试以确保万无一失。”

其次是植物选择问题。整个“垂直森林”的建筑设计非常迅捷，耗时最长的部分是前期建筑师和工程专家、植物学家的大量讨论和研究。如何适地适树是个大课题。“我钟情于美丽的植物，但一部分专家建议耐旱、耐风沙植物在高楼外立面上更容易存活。”一直是意大利时尚家族座上客的博埃里对美的追求锲而不舍，绝对不愿意为降低工程难度而在美学上妥协。作为建筑师的他自己花了大把时间去研究植物学。经过数年时间的反复论证，在植物学家的帮助下，筛选出一系列的植物。主要有下列植物。

1. 乔木类

栾树，水曲柳，这较为常见。

欧洲野生梨，这可是现在梨子的祖先，可以活100岁。

冬青栎（*Quercus ilex*）是一种来自于地中海地区的常绿大型栎属树木。它和栓皮栎一样属于栎属中的白栎。在意大利西西里岛上有一棵冬青栎据传有700年的树龄了。

荔莓，又名草莓树。原产地中海西部地区，常绿乔木或灌木。树冠比较开展，叶深绿色，花白色，草莓状的果实红色，非常有观赏性。

拉马克唐棣（*Amelanchier lamarckii*），落叶灌木，花白色，暗绿色的叶子在秋季变为鲜红色和橙色，是很好的色叶树种。

单子山楂（*Rataegus monogyna*）、柔毛栎（*Quercus pubescens*）我们就很少见了。

2. 地被类

主要有意大利络石藤（*Rhyncospermum jasminoides*），开花期在春夏季，开出大量的很有特点的螺旋状白色小花，俗称风车茉莉，非常漂亮。此外，地被还有蓝雪花和野迎春。

两栋楼的阳台上共种植了480棵乔木和300棵小乔木，11000棵多年生植物和5000棵灌木。相当于在4000平方米的城市面积里，种植了20000棵树木和灌木。这些植物事先已在苗圃里培育好，以提前适应在类似于建筑阳台环境里的生存条件。

这些植物将会随着四季变化而产生不同的景色：春天，这些树木将萌发绿色；夏天，它们的枝叶可以为公寓主人遮挡地中海灼热的阳光，用浓阴给住户们带来清凉；秋天，这些不同种类的树木叶子将形成五彩斑斓的美景；到了冬天，垂直森林建筑上的树木叶子掉光后，不会影响居民坐在阳台上晒太阳。这些给米兰居民一个绿色森林全景体验。

再次是管理问题，一般建造完成后的步骤才是养护管理，但是如果等建造完成后才考虑养护管理那就会手忙脚乱、悔之晚矣。作为一个系统复杂的工程，如何解决诸如浇灌、施

图20 植物品类丰富，形成了类垂直群落

图21 博埃里事务所设计的垂直森林效果图

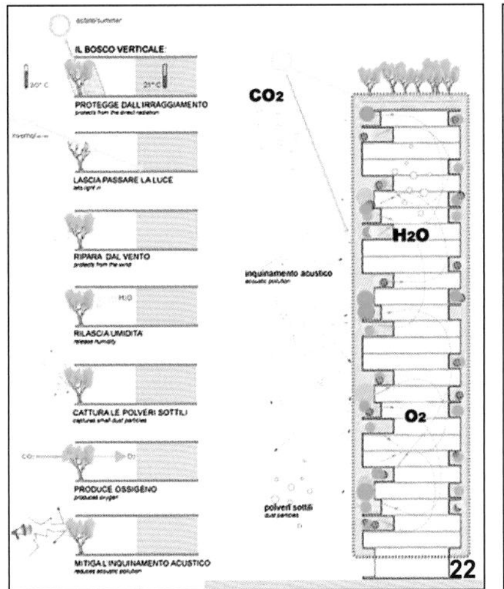

图22 二氧化碳被植物分解吸收

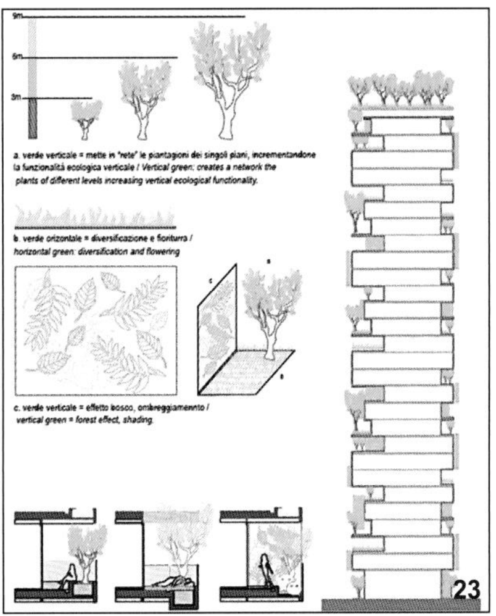

图23 乔灌木的分布图

肥、培土、虫害等养护问题的同时，又不增加大楼能耗的方案十分重要。如果是居民自己维护，一定无法做到按时准确维护和持续发展。垂直森林的管理，从一开始就是由开发商请相关部门统一管控。阳台外面的面积产权不属于购房业主，属于大楼的建造商，只有这样才能做到统一、有序、有效的管理，从根本上避免了因为业主的个体差异造成垂直森林植物失管失养的总体事件。从阳台每个花盆中植物数量的确定，到植物花盆的管理，对绿植的维护和更换、施肥、培土等都是公共管理。建筑物的中水收集系统，将水从预埋的管道流入植物花盆，根据微气象学，精确计算其灌溉量。而绿植的种植更换则是通过屋顶的起重吊臂完成，同时建筑物采用了太阳能和风能结合，从而自己可以能源自给。

垂直森林增加了生态多样性，为城市居民连接自然提供了新的方式。利用植物生长，过滤城市环境里的细微灰尘，制造湿度，吸收二氧化碳，产出氧气，防辐射，净化噪音污染，创造宜人的微型气候。这里已成为飞禽和昆虫的“栖息地”，吸引了大量的鸟类和蝴蝶，自然而然地成为一处城市动植物的栖息地。如果将这幢大楼拆分成独立的房屋，将需要5万平方米的地基，另外还需要1万平方米来种植树木。垂直森林成为延缓城市蔓延、控制并减少城市扩张的一个典范。

垂直森林2011年建造，2013年完成，随后被列入2014年国际高层建筑奖候选名单，并最终获奖，成为全球最美、最创新的高楼。国际评委认为，垂直森林是先锋设计，明日城市范本。它因可循环发展与生物多样性而获此殊荣。

令人高兴的是，目前中国各地大城市已经有法案和政策鼓励立体绿化的发展。上海市政府和市人大在2015年7月23日通过并颁布了《上海绿化条例修正案》，于2015年10月1日正式实施。条例明确规定，上海新建公共建筑以及改建、扩建中心城内既有公共建筑，应当对高度不超过50米的平屋顶实施绿化。

目前立体绿化的新工艺、新材料和新技术不断涌现，同时人们对于立体绿化的观念接受度持续提高。立体绿化，已经成为城市生活品

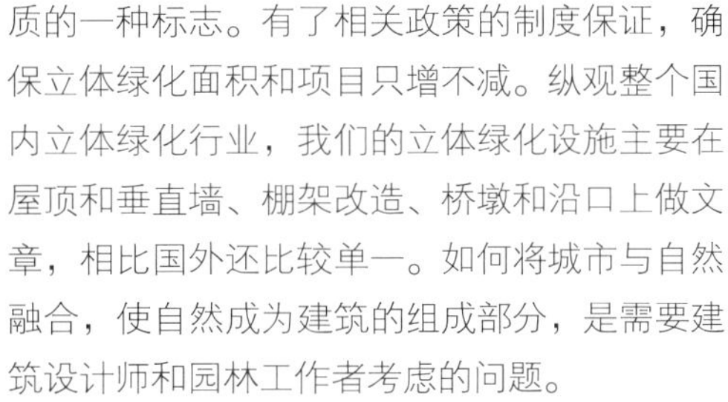
质的一种标志。有了相关政策的制度保证，确保立体绿化面积和项目只增不减。纵观整个国内立体绿化行业，我们的立体绿化设施主要在屋顶和垂直墙、棚架改造、桥墩和沿口上做文章，相比国外还比较单一。如何将城市与自然融合，使自然成为建筑的组成部分，是需要建筑设计师和园林工作者考虑的问题。

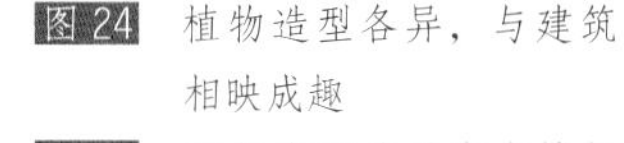
图24 植物造型各异，与建筑相映成趣

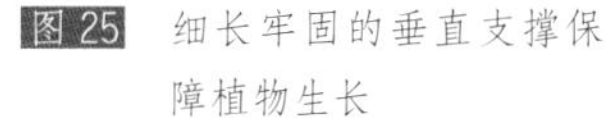
图25 细长牢固的垂直支撑保障植物生长

图26 阳台上也可以种大树

图27 屋顶上的垂直升降机用来起吊更换植物，太阳能为住宅提供电能

25

26

27

连接文明　创新文化

——巴黎布朗利博物馆景观作用

撰文 / 林小峰

上图　埃菲尔铁塔、布朗利博物馆与庭院绿地关系

图1　绿叶外形形成一个心形，仿佛示爱埃菲尔

离闻名世界的埃菲尔铁塔只有一个路口距离的布朗利博物馆，正成为一个来巴黎观光的游客特别是设计界专业人士朝圣的新地标。尤其是其庭院的设计，颇有新意，给景观界以新的启示。现根据在法国与业内人士的交流与回国后对一些资料的整理，分享如下。

一、博物馆建设的背景

法国历届总统在自己任内以艺术建筑来体现文化政绩，30年来几乎成为传统，如蓬皮杜文化中心、奥赛美术馆、密特朗的卢浮宫金字塔和国家图书馆都是如此。布朗利河岸博物馆则是前总统希拉克提议并推动实施完成的。这个博物馆的名字Quai Branly来源于它的位置——布朗利河岸（Quai Branly），而这条河是以物理学家布朗利（Édouard Branly）来命名的。

这个博物馆专门收藏和展示来自非洲、亚洲、大洋洲和美洲的原始文化艺术品，共收藏30万件部落艺术品。新博物馆集中了原先设在巴黎金门的非洲与大洋洲艺术馆的2.4万件以及人类博物馆的25万件非洲、大洋洲、亚洲和美洲馆藏艺术品。但只有其中的3500件作品作为常设展品，其余藏品都被贮存在一个6000多平方米的贮存室中，将陆续以临时展的方式向公众展示。

布朗利博物馆是自1977年蓬皮杜文化艺术中心落成之后，在巴黎修建的最大的艺术博物馆，在寸土寸金的巴黎市中心占地约4万平方米，非常难得，它也是欧洲最大的非欧洲艺术博物馆。它的建造可谓工程浩大，耗时长久：从筹备到完成历时整整十年，花费2.352亿欧元。2006年6月20日，时任联合国秘书长安南和希拉克总统及300多名贵宾出席揭幕典礼，使其成为法国媒体整整一个星期连续不断报道的最大文化话题，风行一时。

二、博物馆的设计特色

布朗利博物馆的地理位置得天独厚：它建在紧挨埃菲尔铁塔的塞纳河边的一块据说是最后一块可建建筑的地皮上。其作为博物馆的国家标志性影响分量更是设计师梦寐以求、趋之若鹜的。所以当年参加布朗利博物馆竞赛的世界级建筑名师灿若星辰：如Renzo Piano、安藤忠雄、Peter Eisenman、Future

System、MVRDV事务所等等，竞争可谓残酷，最后法国设计师让·努维尔的设计入选。他的诸多建筑杰作包括巴黎五区的阿拉伯世界学院(Institut du Monde Arabe)和卡地亚基金会(Fondation Cartier)等。他的作品色彩奇妙，迷幻多姿，充满想象力，这是他取胜的关键。

据现任馆长Stephane Martin讲，努维尔的设计最能融入巴黎市景和周边环境，将河沿岸的景点地脉连成一气，建筑外形和色彩散发出与展品相符的灵性气质。现在就这个评论展开分析。

1. 在建筑风格上采取了连接古今的手笔

布朗利博物馆就像一艘停泊在塞纳河畔的巨大方舟。猜测其灵感来自于“诺亚方舟”，因为各个民族都有地球发洪水的传说和方舟渡人的神话，这座博物馆承载了设计师对非西方文化在建筑表达上的敬意。布朗利博物馆的入口不像一般公共建筑，努维尔舍弃传统器宇轩昂、气势恢宏的门面和前庭广场，而以草原和树木来隐藏、连接主要建筑物，营造类似古代祭祀气氛，要参访者穿过大庭园中的自然环境，逐步发现展览馆。博物馆由4栋风格迥异的建筑物组成，着以土红、土黄、棕灰等大地色彩，充分呼应土著人的传统偏好。它们之间由小路或天桥连

图2 博物馆主体建筑
图3 红与绿不是不能搭配，关键看色彩的明度与纯度
图4 博物馆建筑的色彩与块面
图5 博物馆的主体建筑架空，腾出咖啡厅与小卖部位置，这个设计比较巧妙
图6 博物馆平面图
图7 道路的色彩、质地有澳洲土著岩画的感觉

2

3

4

5

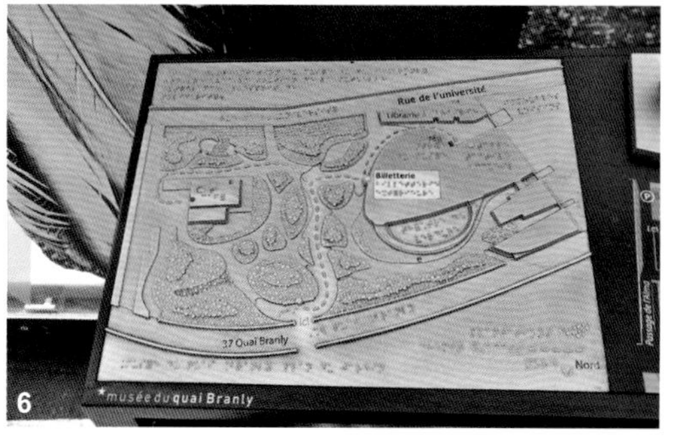

6

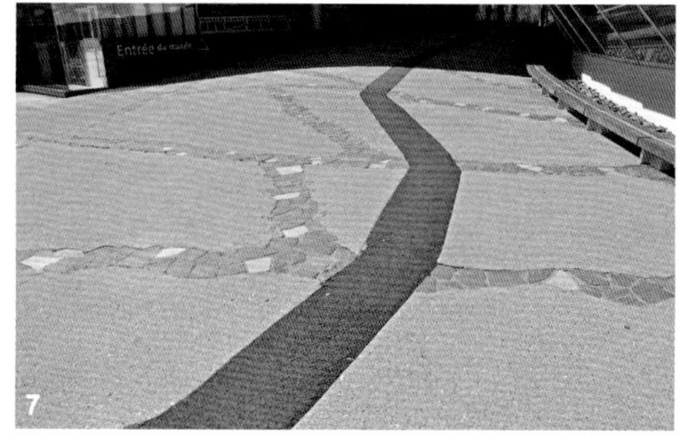
7

接，这样的设计是为了精确地适应博物馆的各种不同功能以及各部门的需要，其奇妙的空间设计用4种颜色把四大洲文明空间分隔、却又完美地融合在一起，其中把咖啡厅、商店等现代功能藏于建筑下部则是妙笔，兼顾了实用与美观。努维尔说："这是一座围绕着藏品建造的博物馆，每一样东西都被部落艺术挑起了情绪。"

2. 在景观上采取了连接场地的做法

原来设计中的绿地是7500平方米，完成后在博物馆内竟然有一个1.8万平方米的大花园，博物馆的所有建筑都处于这座大花园的环绕包围之中。庭院设计师Gilles Cllement独具匠心，在园内栽了180棵高度超过15米的大树，配上自然栽植的观赏草与耐阴的蕨类植物，绿意盎然，宛如一座真正的花园。绿地和植物生态环境可谓大都会中的最大奢侈品，而最终受惠的是民众和都市景观生态，这也应该是方案深得评委欣赏的关键。在博物馆与布朗利河岸大街交界的边缘上，努维尔设计了一道高12米、长200米的玻璃幕墙，有分有合地连接了博物馆与街道，让这座色彩鲜艳、风格独特的博物馆完美地融合到巴黎的大环境里。这样整个博物馆的建筑看起来开阔、通透、富有生机与活力，如同一座连接西方文化与非西方文化的桥梁。玻璃围墙表面用点状绢印处理，形成视觉上的滤网，配上文物中的图像，投影透过玻璃反光

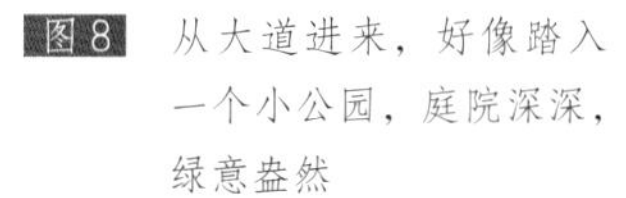

图8 从大道进来，好像踏入一个小公园，庭院深深，绿意盎然

图9 大量使用低养护的观赏草，降低成本

图10 单位庭院一直作公共花园被游客使用

图11　花园自然野趣的总体风格
图12　建筑下方景观处理的细节，结合了装置艺术
图13　庭院绿植相对简单、朴实
图14　可供小型活动的舞台与场地
图15　庭院内的装置艺术
图16　建筑下方的景观处理

图17 装饰板上的图案被光线反射到大街地面，且不断变化，这个设计别具匠心

图18 博物馆的标识与简介，感觉迷幻斑驳

图19 博物馆没有设置砌体围墙而用玻璃，通透感十足

图20 在大街上就看到博物馆满园春色，引人入胜，与苏州沧浪亭借复廊收内外景色异曲同工

图21 玻璃镜面上的古代少数民族的元素与现代埃菲尔铁塔相映成趣

图22 博物馆入口处的处理：少数民族的元素、绿影婆娑、被阳光投射的玻璃镜面，光影迷幻，增添神秘色彩

图23 行人走在马路上，好像走在被博物馆设计的时光隧道里

会在地面形成特殊的视觉效果。

布朗利博物馆另外一项著名的看点是立体景观——由植物专家Patrick Blanc研发的墙面绿化。被业界称为鬼才的Patrick Blanc眼光独特，他发现有些植物并不长在土里，而是长在地衣苔藓类上，如附生在岩壁、树干、河石床上生长的植物，多生长在湿度高的森林或山区。于是他发明一套专利系统，在直立的墙面上，以管线方式传输水份和养料保持植物寿命。Blanc开始只是顶级的宾馆饭店施工人员，2004年他开始为布朗利博物馆设计并施工。在800平方米的立面墙面上，他使用了来自日本、中国、美国和中欧的150种共15000株植物布置，使墙面多姿多彩，叹为观止。他也因为这个项目在全世界以立体花园名扬天下，甚至现在在中国开始做项目。

这座博物馆建筑与自然的和谐一致，更铸就了其在世界建筑史上的地位。现在的效果也达到了设计师的目标："我们不能说，这个馆的艺术展品决定建筑形式，但它们之间存在某种性格上的连系，一种从色彩、光线和阴影可以辨识的亲似性和信任感。这些元素构成的个性，并非西方建筑的典型，而是过去在森林、沙漠和田野聚居的少数种族文化共同的特色。这里住着我们的祖先灵魂；他们所发现的人性条理和所发想的宗教神明，互相沟通共处在这一独特、神秘、诗情又令人迷乱的场所。"

三、给中国博物馆设计的启示

布朗利博物馆的成功首先是价值观的领先。长期以来，西方的以白种人为尊的殖民文化根深蒂固，特别是法兰西民族过去的殖民史和现今燃眉的移民种族社会问题，到了必须作反省和思考的时候。文化是弥合种

24

族、地域差异与矛盾的良药，这也是法国前总统希拉克的想法：重新给予那些长期被忽略的艺术和文化应有的地位，同时希望这个博物馆能够成为一个促进和平的设施，充分证明每个个体和各种不同文化都拥有同等的尊严。布朗利博物馆可以说是一个体现非西方艺术和文明的人性与神奇的精品缩影。展品中包括各种吉祥物、塑像、面罩、饰物和各种宗教与日常生活器具，充分反映出人类精神与创造性的伟大和多样性。希拉克则在揭幕典礼上声称这是一座向曾经“被侮辱和蔑视的人民”致敬的博物馆。博物馆主席Stephane Martin说，“我们是30万件无价之宝的守护者，它们讲述了制造它们和把它们带到这里的人的历史。我们保护它们的方法是非常重要的。此外，对这些藏品几乎没有进行过研究，我们的目标之一就是让藏品‘说话’，体现出研究的价值。”中国现在在国家复兴的康庄大道上，文化自信是我们的立身之本，文明包容是世界潮流，这些都是我们做作品的出发点与落脚点，否则，立意不高，品味不高。

其次是手法领先。博物馆很多是收集以前的文物文化产品，因此建设博物馆很容易从文物的外形入手，以象形的手法来做，像个鼎、像个龙、像个仙，这对于设计师来说文案好写，对于决策者来说听得懂，对于百姓来说看得明白。但是，应该说这样的设计还是浅层次的，博物馆并不是说一定要拘泥于“古”，反而能创新、出新才是上品。对于新材料、新工艺、新技术的运用，如何跨越地域、时空的藩篱，游刃有余，驾轻就熟，真是一篇大文章，而布朗利博物馆就是这样一篇鸿篇巨制。

图24　换个角度看博物馆建筑与绿墙，本身就极具观赏性

图25　博物馆建筑设计被绿墙抢走风头

图26　绿墙细部，种类繁多，颇具技术含量与艺术价值

花园城市变立体
——新加坡的立体绿化

撰文／吴锦华

作者介绍

吴锦华 南京万荣园林实业有限公司总工程师，研究员级高级工程师。金陵科技学院客座教授，江苏省风景园林学会会员

上图 滨海南花园的主要标志物

新加坡地理位置靠近赤道，属于热带雨林气候，终年温暖而潮湿，温差变化不大，平均气温白天32℃，夜间24℃，全年平均气温27℃。由于没有季节变化，植物常年不间断生长，加上植物种类丰富，为花园城市建设提供了良好的环境条件和植物条件。进入21世纪，新加坡强制推行实施屋顶绿化、天桥绿化、墙面绿化、阳台绿化等，“花园城市”已经转变为“花园中的城市”，“平面花园”转变为“立体花园”，空中绿化成为城市要素：有植物包裹的建筑，有沿口绿化、阳台绿化，还有桥柱、围墙绿化等。“花园中的城市”魅力体现在：立体绿化与建筑的完美结合，多种立体绿化技术的并存发展，园林花园建设过程中的生态性、科技性和经济性得到充分尊重和运用。

新加坡可持续发展部国际委员会为该国建筑环境业设定的目标是：2030年有80%的建筑成为绿色建筑。为推进绿色建筑产业发展，该国于2005年创办了绿色建筑标志认证，由高到低分为4个评级标准：白金级、超金级、黄金级和认证级，对建筑节能的要求从35%至15%不等。2006年和2009年，新加坡两次发布绿色标准规划，推动绿色建筑行业顺应社会发展的需求。在第二份规划中，明确了6项策略——政府部门以身作则、激励私营企业、绿色建筑科技研发、建筑业技能培训、国际推广公共宣传、强制实行最低标准。在政府带头方面，确保超过5000平方米面积的新公共部门建筑物达到绿色标志白金评级；同时，采取绿色建筑面积奖励计划激励私营企业——达到绿色建筑标志白金级的，可奖励最高2%的额外建筑面积，最多奖励5000平方米；从2008年开始，强制要求新建筑达到绿色标志认证级别；从2009年开始，既有建筑实行强制立法，2013年9月已宣布第一阶段立法要求，即850座既有建筑必须达到认证级别，否则罚款100万新元。凡是2009年4月之前的建筑，修建屋顶草坪或屋顶花园，政府补贴建设费用的50%或最高每平方英尺（约0.093平方米）75新币（约300元人民币）；修建垂直绿化，政府补贴建设费用的50%或最高每平方英尺750新币（约3000元人民币）。2010年以后的建筑必须有屋顶绿化，否则不予批准规划。

经过这样扎扎实实的十年努力，新加坡的花园城市变立体了，涌现了一大批经典之作。

一、滨海湾南花园

滨海湾花园分为滨海南花园、东花园、中花园三个部分，是新加坡为实现由“花园城市”向“花园中的城市”愿景而实施的重点项目，其中南花园耗资50亿新币，2012年6月建设成。南花园中最具吸引力的是“花穹”“云雾林”和“超级树” 三个景点，其中“花穹”和“云雾林”堪称世界园艺极品，无论是外部形态还是内部展示内容都令人震撼；远远望去，就像两个连体的开口贝壳，对向而立，一高一低，晶莹剔透，与“超级树”遥相呼应。

花穹的内部是一座全透明玻璃表面的半球形冷室，模拟了凉爽干燥的地中海和半干旱亚热带气候。在巨大的空间里，没有一根立柱，视觉感非常好 。根据冷室内温、湿度的自然垂直分布，布置了多个主题花园，种植着来自七大洲的各种植物，包括：猴面包树和宝瓶树花园、多肉植物花园、澳大利亚花园、南非花园、南美洲花园、加利福尼亚花园、地中海花园、橄榄树林、变幻花田和部分临时布景。在观赏游览的同时，激发大众对于园艺和环境的热爱与兴趣，并起到了启迪和教育的作用。

云雾林同样采用了钢结构加透明玻璃的构造，面积没有花穹大，但高度要比花穹高很多，模拟了海拔约1000~3500米的湿润凉爽的热带山区与南美洲高海拔地区的气候。室内入口处，世界上独一无二的、高35米的室内瀑布从巨大的人工山体植被丛林中倾泻而下，气势磅礴。仿“竹荪”造型的山体上长满了各类花卉植物，姹紫嫣红。据介绍该立体绿化采用了很多高新技术成果，被称为当今世界最时尚的立体花园。构筑物外立面的活性混凝土种植表皮上，配置了极其丰富的适宜在滨海湾南花园这个人工气候环境的植物，如蕨类、兰花、宝莲灯、藤本类植物等，令人目不暇接。游人从环绕的阶梯一层层往上走，到最高处的梦幻花园，然后顺势而下，仿佛身临童话世界，美不胜收。云雾林山体植被采用混凝土表皮的活性面层种植技术，通过在混凝土表面形成粗糙和多孔的纹理，并在其中设置一定量的有机物质来形成一定的湿度和种植区域，从而为附生植物

图1 花穹的巨大空间，没有一根立柱

图2 园丁布景操作现场，吸引着众多游人的目光

图3 植物的选择与栽植充分反映了新加坡的园艺水平

图4 最高处的梦幻花园

5

图5 “竹荪”造型的立体绿化景观

图6 模拟自然的人工杰作

图7 蜿蜒的空中步道，让游人360度全方位欣赏云雾林的美

图8 云雾林内高达35米的人工瀑布

图9 如立交桥般的空中步道

图10 夜色下的超级树

图11 其中2棵超级树衔接着长约128米的空中吊桥，游人行走其中就像在树顶漫步

等提供生长环境。利用这种创新技术，云雾林种植了丰富的植物并形成美丽景观。

超级树是滨海南花园中安置的18棵高度在25~50米的人造擎天大树，分设3个组团，其中12棵位于中心花园大树区，3棵位于西北侧的银色花园，3棵位于东面的金色花园。部分擎天大树间还有空中步道连接，游客在步道上可以从不同的角度欣赏整个花园的美景。超级树的主体为坚固的混凝土圆柱，圆柱周围布置了钢结构种植架，各种植物镶嵌在专用种植板上，并采用微灌系统进行灌溉。各种丰富的植物种类，构成“树皮”。顶部“树冠”处安装了雨水收集器和光伏电池。这些“大树”不仅有赏心悦目的景观功能，而且还有很多其他功能，如银色花园中的大树是兼顾了冷室的排气功能；金色花园内的大树有1棵是园内电厂的烟囱，另外2棵则起到收集太阳能的作用。

二、皮克林宾乐雅酒店

皮克林宾乐雅酒店位于新加坡市中心。这个由WOHA公司国际一流的设计师采用花园酒店的理念来设计的绿色建筑，曾获新加坡绿色建筑认证最高荣誉的建筑白金奖。这座“花园酒店”占地面积虽然只有6900平方米，却拥有占地面积的两倍还多、约1.5万平方米的各类绿化：挑高空间的繁茂空中花园、沿口绿化、溪流瀑布和垂直绿墙。大面积的绿化和姿态各异的植物群将酒店装点得格外美丽，客人犹如置身林野之中。

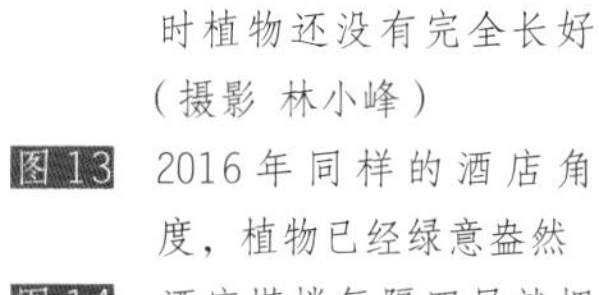

图12 2014年拍摄的酒店，当时植物还没有完全长好（摄影 林小峰）

图13 2016年同样的酒店角度，植物已经绿意盎然

图14 酒店塔楼每隔四层就拥有悬挑的空中花园，使旅客身心愉悦

图15 其实这个酒店原来的外形是火柴盒式样，改成了悬崖峭壁式了，真是佩服设计师的大胆

图16 多种多样的植物种植

图17 酒店内部公共区域花园空间

建筑外观采用流线形横纹机理，加上缝隙间恰当的栽植树木和悬垂藤本，有破有立，给人们留下深刻的印象。12层的酒店被放置在一个挑起五层楼高度的平台上，塔楼每隔四层就拥有悬挑的空中花园，上面种满了美丽的热带花木与细高的棕榈树，与邻近公园融为一体，形成连续的绿色景观。处处绿荫，漫漫流水，使酒店成为了花园城市的地标之一。

波浪形的台地景观、“鸟笼”式更衣室、花瓶式种植容器等特色景观以及大厅到电梯间的休息区的水景绿墙，四层的空中花园为酒店带来了苍翠茂盛的植物群落。走廊、大堂和公共洗手间都成为了花园空间。

选用的植物多种多样，从能遮阴的雨树、抗风的棕榈、开花的三角梅到常绿的灌木、悬垂的藤本，一起形成了葱郁的热带环境，不仅吸引着居住者，更吸引着昆虫和鸟类。这不但延伸了城市公园的区域，还增加了城市内生物的多样性。

三、海洋金融中心与丝丝街158号

海洋金融中心停车场和丝丝街158号写字楼两个项目离的不远，都位于新加坡的金融商务区，两个项目都是由新加坡建恒集团施工完成的绿墙项目。海洋金融中心建于2013年7月，绿化面积2125平方米，由5.7万个专用花盆和植物组成，项目获2013年吉尼斯世界最大的垂直花园记录。

丝丝街是建筑内部空间改造项目，这个大楼位于市中心，但是楼龄比较高，出租率很低。业主决定在大楼的环境上下工夫，2010年底动工，于2011年2月完工，绿化面积470平方米，是当时新加坡首个从2楼到9楼通高的垂直绿化项目。在中庭的柱子及边角上种上了1.3万盆新植物，配合通透的地板和光影形成绿意盎然的景观。环境焕然一新，使得Facebook新加坡公司一眼看中，随着这样著名公司的进入，其他办公室被一租而空，使其成为环境效益带来经济效益的最佳案例。

对这两个由同一公司在不同时间、采用同类技术完成的项目进行认真比较，会发现有很多的创新和改进。

丝丝街项目设计师非常出色地设计了中庭绿化改造空间；海洋金融中心项目从支撑龙骨结构到容器的固定方式都有改进，平面龙骨演变为立体龙骨，实现了种植盒从平面种植到立面立体种植。丝丝街写字楼内部白天日照不足，采用植物灯作为日照补充，从透明的幕墙看进去，绿色的氛围既温馨又充满吸引力；海洋金融中心项目是室外绿墙，更加注重晚上的灯光艺术效果，在绿墙“地图图案”部分安装了LED灯，并模拟世界城市活跃指数，夜晚绿墙灯亮起来绚丽夺目，地图图案看上去也会更加立体、生动。墙面上每盆花草都有编号标记，固定在改进后的立体龙骨上，以盆栽方式种植也方便在布置节日装饰图案时或替换枯萎花盆时灵活操作。绿墙背面的维护通道可以使工人在养护和换盆时不用搭设脚手架，还不影响绿墙外观，工作人员可在墙后轻松完成。采用收集的雨水为绿墙提供水源，独立悬挂在盆侧的浇水和施肥管网，便于检查和维修，智能的灌溉系统确保植物及时获得照顾，时刻保持良好生长状态。墙外安装的雨水感应器，还会在雨水充沛时发出信号，通知系统不必再为花草浇水，节省水分，中央控制室还可以监控各个区域的用水量，一旦出现故障，系统就会发出警报。

图18　海洋金融中心绿墙的养护园丁，可以看出绿墙的龙骨结构

图19　海洋金融中心绿墙

图20　不像办公楼，像热带雨林（摄影 林小峰）

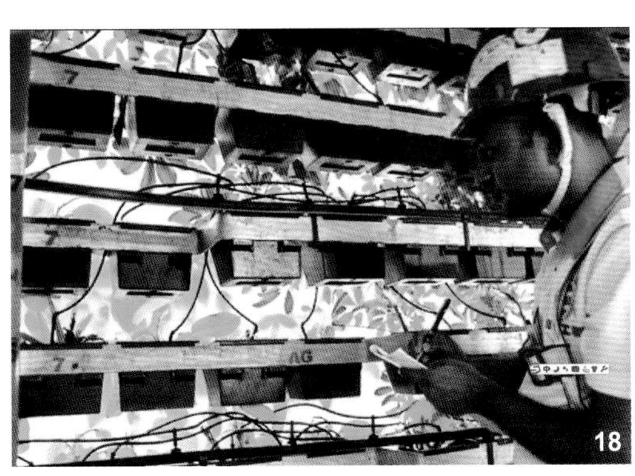

四、樟宜机场

樟宜机场是当今世界第五大繁忙的国际机场，是新加坡主要的民用机场，也是亚洲的主要空中枢纽。T3航站楼的分段式藤蔓垂直绿墙，高15.5米、长304.8米，恰到好处组织了室内巨大的空间，在大厅里形成亮丽绿色屏风。在行李提取区域，周边全是绿化布置，在这个环境里面等候行李是一种享受，旅客绝对不会焦躁不安。其他小区域还分布了不同容器种植的小面积绿墙以及特别精心设计的立体花坛。

T2航站楼的购物区各种美丽的珍稀杂交兰花吐芳争艳，包括万代兰和石斛兰，以及众多色彩鲜明的大型主题景观装饰，旅客们都纷纷拍照留念。花卉植物把这个钢筋混凝土的建筑群，装饰点缀成了绿色空间，把大自然带到我们身边，把机场也变成一个美丽的花园。

总之，在新加坡这个名副其实的世界著名花园中的城市里，在有限的空间里，建筑与植物和艺术完美结合，创造了很多世界经典的立体绿化范例。激动之余，认真分析，其实国内目前园艺栽培技术并不差，立体绿化的研发起点也很高。而我们的研究大部分局限在立体绿化的技术研究，缺乏立体绿化的应用和艺术的研究，尤其是绿化与建筑结合的研究。因此，我们需要加大建筑与绿化景观结合的项目研究和人才培养，培养出一批有园艺基础、从事过景观设计的优秀建筑师团队，创造一批优秀的作品。

除此之外，目前业内常见的立体绿化4种技术形式：攀缘式，种植框式，种植毯式和种植盒式。我们一直在探讨哪种技术形式更好，其实，各有各的用处，因地制宜为好，只要最终的效果好。我们更应该对这些技术进行深入理解，思考如何与建筑艺术结合，合理应用到工程实践中，促进多种技术形式的发展与并存。

不仅仅局限于上述例子，新加坡的国立艺术学院、新加坡技术学院、社区医院、写字楼、剧院、图书馆、小区、商场、停车场等等，从屋顶到墙面，应绿尽绿，可绿全绿，整个城市就是一个花园，绝非虚言。

图21 机场的比萨斜塔立体花坛（摄影 林小峰）

图22 新加坡艺术学院的立体墙面（摄影 林小峰）

图23 机场上千平方米的绿墙震撼视觉（摄影 林小峰）

图24 机场的主题植物景观吸引国内外游客

图 25　金沙大酒店的阳台绿化，说明设计师在设计之初就预备了栽植槽（摄影　林小峰）

图 26　金沙大酒店的奇特造型，可以看到屋顶有绿化(摄影　林小峰)

图 27　金沙大酒店屋顶的无边泳池（摄影　林小峰）

图 28　金沙大酒店的屋顶花园（摄影　林小峰）

图 29　新加坡技术学院的绿墙，十几栋大楼都绿化了墙面（摄影　林小峰）

图 30　法国著名立体绿化达人派屈克在新加坡的室内作品，名字叫森林交响乐（摄影　林小峰）

图 31　新加坡四美医院的立体屏风（摄影　林小峰）

立意与技艺的结合
——上海夺得国际立体花坛大赛大奖的秘诀

撰文 / 林小峰 顾芳 施瑾

作者介绍

顾芳 高级工程师，上海市黄浦区绿化管理所所长

施瑾 上海市黄浦区绿化管理所办公室主任

上图 《一个真实的故事》景点全景

图1 加拿大作品：百鸟归来

图2 木块制作的马特别有肌理效果

图3 模纹花坛效果

图4 加拿大的制作工艺采用工业设计手法，比较先进

中国传统的绘画、文学创作讲究“意在笔先”，园艺亦当如是立意，这就是所谓的眼高。“眼高手低”于事无补，所以仅仅有眼高是不够的，必须手高，即有技艺。而立意加技艺就是上海夺得2013年国际立体花坛大赛最高大奖的秘诀。

国际立体花坛大赛是立体花坛领域的国际比赛，也是全球各个城市、省、机构和国家园林绿化部门之间开展的专业经验交流的机会，每三年举办一次。自2000年全球首届在蒙特利尔举办，后续又在2003年于蒙特利尔、2006年于中国上海、2009年于日本滨松成功举办了3届。2013年6月21日至9月30日在加拿大蒙特利尔市举办了第五届比赛。

每届比赛都有几十个国家近百个城市的园林部门和园林园艺协会参赛，每届也有不同的参赛主题。2013年大赛以“希望的土地”为主题，从5个方面展开主题特色，即：人与自然的相互依赖性，人类对其环境所采取的积极行动，受到威胁和濒临灭绝的物种和生态关系，城市中的自然，地球生命的美丽与脆弱。要求用立体花坛的造型艺术至少表达上述一个特色。

一、第一个问题：如何诠释主题

2013年大赛主题非常高深，难有具体形象来阐述。创造团队在头脑风暴时已经有了许多现成的方案，方案一是那时刚刚获得上海金奖的“爱之源”，从中国古代汉字“艺”象形字中，发现好似一个人在种树，以此为蓝本设计了一个人与树的造型，比较自然；方案二是以上海城市景观与荷花抽象图案混搭，象征和谐城市，比较现代；方案三是以中国民间的“百鸟朝凤”传说为蓝本，比较传统。好像上面3个方案都可以与主题搭边，但仔细研究却发现这些都是片段化的、不够完整和完美，也没能覆盖主题的各个方面：汉字绝对有中国的特色，但是外国人不认识，缺乏先天共鸣；上海的高楼大厦不一定是城市的必然形态，本身也不是自然的产物，所谓以“荷花”象征汉语的“和谐”，不仅外国人听不懂，国人也觉得有些牵强；“百鸟朝凤”虽然可以反映物种的多样性与生态关系，但不能让世界看到今天中国鲜活正面的形象。

在思路山穷水尽之时，一次考察盐城自

1

2

3

4

然保护区的记忆和朱哲琴的一首歌如灵光乍现，点亮了我们的创意。

这是发生在20世纪80年代盐城大丰丹顶鹤保护区的真实故事，一位叫徐秀娟的大学生为了保护珍稀动物而牺牲，年仅23岁。她是我国有了环保事业后的第一位烈士，她的感人事迹被谱成一首《一个真实的故事》，由朱哲琴唱到了国际舞台：

走过那条小河／你可曾听说／有一位女孩她曾经来过／走过那片芦苇坡／你可曾听说／有一位女孩／她留下一首歌／为何片片白云悄悄落泪／为何阵阵风儿为她诉说／还有一群丹顶鹤／轻轻地／轻轻地飞过。

仔细研究盐城丹顶鹤保护区，发现这个选题完全符合和涵盖了主题严格苛刻的所有选材标准，这些丝丝入扣的情节让我们激动地拍案叫绝。

盐城丹顶鹤保护区全称为“江苏盐城国家级珍禽保护区”，靠近城市，是我国环境保护系统中唯一的大型鹤类自然保护区；是全球最大的丹顶鹤越冬基地；也是亚洲最大的海滩涂湿地型保护区；被国务院列为国家级自然保护区，1993年10月被联合国教科文组织接纳为世界“人与生物圈”保护网络成员，具有太多的标志性、代表性、国际性。

丹顶鹤属鹤形目、鹤科，为世界上濒临灭绝的珍稀鸟，被列为我国一类重点保护鸟类。我国人民自古以来多喜爱丹顶鹤，因它体形优美、秀丽，动作娴雅、洒脱，被誉之为“仙鹤”，人们视其为吉祥、长寿、忠贞的象征，它足够代表地球生物的美丽。

保护区有45万公顷的保护范围，有400种左右的各种鸟类，尤其是每年有大量的野生丹顶鹤到这里过冬。保护区建立以来，来区内越冬的丹顶鹤数量逐年上升，建区时只有288只，目前已增加至近900只，约占全球野生丹顶鹤总数的70％。这充分反映了中国对濒危动物的拯救是卓有成效的。

当我们拿此创意参加上海市范围内招标时，大家都被这个作品创意打动，最终一举中标。当国际立体花坛主席丽姿女士拿到上海的创意设计稿时激动地说，我眼泪都要下来了，真是非常感人的故事，提前就可以祝贺上海得奖了。2013年初，我们在北京与专程前来的原蒙特利尔园林局长布沙先生沟通参赛事宜，正是北京雾霾最严重的时候，我们说了这个故事，并说明我们创作这个作品向世界说明我们在发展经济时确实存在对环境的不利影响，但我们要通过徐秀娟这个真实的故事号召人们保护动物，爱护环境。布沙先生非常感动，他完全认同我们的主旨，他届时会通过加拿大的新闻媒体，告诉加拿大人与其他国家中国年轻人是如何献身环境保护的。在我们飞往蒙特利尔的飞机上，同座的加拿大乘客听说了我们来创作这个基于真实故事的景点，也是激动地说，我们一定会去植物园找你们的这个景点，而且会想起你们。这些都说明，立意中只有是真实的、世界的，才能打动人心，因此我们对上海作品的主题非常自信。

二、第二个问题：如何演绎主题

经过上海天工设计事务所的设计、上海金锐建设公司与海根园艺公司的施工，将整个作品完整地演绎出来：整个作品主体高约8米，采用了写实和写意的手法表现女孩与丹顶鹤相依相伴的形象。作品用钢结构作支撑，遮阳网填充土壤栽植绿植，用植物特征将人物和动物的形象细腻逼真地表现出来。施工过程中，我们克服了这样几个难关，用智慧和努力将作品完美地呈现出来。

一是钢筋塑型关。用钢筋做出人物和动物的形态轮廓，就如用笔勾勒出画面的线条，直接决定整个作品的美观度，只是不同于画笔的好操控，钢筋制作因体量大，拗造型时对于着力点的使用、塑型的准确和美观都有更高的要求，在表现人物造型美及人物与丹顶鹤组合美上制作团队进行了不少于50次的反复修改调整，同时要兼顾后期的填土、栽植和养护因素。

二是立体结构平衡关。作品结构制作的最大难点是主体的丹顶鹤一脚悬空，结构不平衡，而且钢结构在填土后受力会根据每个地方营养土的厚度及营养土吸水量的不同而变化。因此，为保证结构平衡，制作团队制作了小样反复试验，采取了加大结构材料型号，并对与景点有接触点的地方进行借力等方式攻克了难关。

三是切割运输拼装关。作品在上海完成钢结构制作后，要对结构进行切割以方便海运至蒙特利尔，切割点的选择要以不影响日后拼装的效果为准，同时，经过20天的海运陆运，可能遇到钢筋变形等情况，因此在现场拼装时要根据设计造型不断进行修整，并对结构焊接点反复检查，是否有空焊、结构的内支撑拼装是否合理等，以保证达到最安全牢固的结构效果。

四是景点现场定位关。大赛选址位于蒙特利尔市植物园中心区域。该园一向被认为

图5 丹顶鹤的施工过程

图6 丹顶鹤的施工过程

图7 丹顶鹤结构被起吊

图8 少女头像在起吊，钢结构部分非常精细，本身的结构就已经如雕塑一般鲜活

图9 主体结构定位与施工

10

11

是全球最大、也是最美丽的植物园之一，它拥有22000多个植物种和栽培品种以及10个展览温室和30个主题园林。作品的现场定位如同大型美术作品的整体构图布局，要根据现场环境条件，处理好主体构架与环境、丹顶鹤与主体构架、水池与主体构架、丹顶鹤与丹顶鹤之间的关系，同时，有效利用周边环境，兼顾游客从各个方向观赏的效果，使景点与现场环境达到最佳的融合效果。蒙特利尔植物园园长对此的评价是：他看了所有的作品，其他国家的作品都是放在地面上的，只有我们的作品像是从地里长出来一样。

五是填土种植关。装填营养土和种植植物是作品最终成型的画龙点睛环节，植物的选择、色彩的搭配、种植的空间比例都决定了作品的最终艺术效果，我们安排最有经验的师傅种植人物脸部，同时精心处理衣服的褶皱阴影、裙摆的花纹过渡，力求塑造逼真的立体感。

同时，我们精心营造了丹顶鹤生活的真实环境，用水池、涌泉、喷雾、水生植物等生动表现了作品需要呈现的意境。特别把《一个真实的故事》歌曲在现场播放，印制了中、英、法三国文字的画册现场发放，吸引大量观众，得到各国游客一致赞誉。国际立体花坛主席丽姿则说，这次比赛因我们的工作而变得更精彩，因为我们的作品使得参观人数增加了15%。我们的景点一直是所有游客投票中最受欢迎的景点之一。甚至加拿大领事馆官员与当地华侨看了我们的作品都激动万分，一致表示因为我们的作品使他们在当地感到骄傲。最后的闭幕式上，上海市政府的景点一举夺得最高大奖与最高荣誉大奖两项桂冠，是所有参赛国中成绩最好的，说明了以国际语言讲述中国故事这一秘诀的成功。

图10 美丽的少女凝视她以生命守护的丹顶鹤，诠释人与自然的和谐

图11 仙鹤起舞在“希望的土地”上，演绎此次大赛的主题

图12 还在施工中的景点吸引大量的游客，都被中国的真实故事感动

图13 阳光下晨雾初起，少女获得永生

图14 上海获得最高大奖的奖杯与证书

图15 上海获得最高荣誉奖的证书

图16 以人为本的细节体现，所有参加加拿大立体花坛工人的照片出现在画册内

12

13

14

15

16

城市的节拍

城市可以让沙漠变成绿洲，可以让原来的禁地变成闹市，可以让陋巷变成景区，可以让老厂房变身时尚地标。这里需要策划、需要规划、需要设计、需要营造、需要管理。这是个生态圈，是个系统工程。

沙漠中建成的绿洲
——迪拜随行感想

撰文／蒋坚锋

作者介绍

蒋坚锋 原上海市普陀区绿化和市容管理局副局长，高级工程师

上图 空中俯瞰迪拜茫茫沙漠

当飞机驶离碧波荡漾的波斯湾、跨进阿拉伯半岛时，映入眼帘的是寸草不生、棕黄色茫茫的沙漠。伟大革命导师列宁曾说过这样一句话：共产主义不可能在沙漠中建成。因此，这样的地理环境似乎难以和绿洲联系在一起。降落迪拜后，每每穿行于绿树成荫的大街小巷，所见所闻已无法与飞机上俯瞰的景象划上等号，如果这里原本是浩瀚无垠的沙漠的话，那只能说是发生了人间奇迹。

迪拜是阿拉伯联合酋长国的第二大酋长国，位于阿拉伯半岛的东部，北临波斯湾，面积为3885平方千米，人口120万。1966年迪拜还是一个默默无闻的贫穷小鱼村，由于发现石油而改变了这里的命运，但最为关键的是迪拜1971年加入阿拉伯联合酋长国，用石油获得财富的第一桶金后，经过几任酋长的不懈努力，尤其提出了具有高瞻远瞩的“发展现代服务业、争创一流城市、经济上摆脱单纯依赖石油收入”的发展思路，并付诸实施的雄心勃勃的规划后，迪拜发生了翻天覆地的变化。其中，沙漠绿洲的建成也是宏伟规划的重要组成部分。

分析一下迪拜的气候条件，不难发现要在这样的环境条件下植树造林是何等艰难的事情。迪拜气候炎热，年平均气温在30～35℃，极端气温达50℃，本文中的照片是在室外43℃的高温下拍摄的。境内多为沙漠，除了咸苦的海水外，严重缺乏淡水，这里每年降雨量极少，不到100毫米，不及上海一次大雨的降雨量，不到上海全年1200毫米降雨量的十分之一，且每年下雨天仅数日，几乎无地下水，所有使用的淡水只能依靠海水淡化处理。阿拉伯联合酋长国盛产石油，所以水贵如油就不足为奇了。树木植物生长过程中根系吸收需要土壤的养分和地下水，而沙漠何来土壤，何来地下水？由于天气炎热，日蒸发量极大，上要大量蒸发水分，下又无地下水源和营养土壤，要使树木成活难度可想而知了，更何况是郁郁葱葱的景观？当看到迪拜处处都是绿荫时，真的由衷敬佩迪拜人与自然作斗争的顽强精神。

经过数十年的绿化工程，迪拜的绿化覆盖率达到了50%。绿化形式有街道绿地、城市公园、海滨绿地、单位和住宅庭院绿地；

立体绿化包括屋顶绿化、建筑沿口绿化等。街道上由于路面种植条件太差，鲜见行道树这一绿化形式，为了解决遮阳问题，公交车站上一律采用镶嵌在街道绿地中带空调的封闭候车亭。值得一提的是迪拜的城市公园，如穆什里夫公园、沙法公园、海滨公园等，单个公园的面积非常之大，从几百公顷到数千公顷。公园配备了体育健身、文化娱乐、观光休闲等设施，充分满足了市民和游客的需求。迪拜绿化的苗木主要选择耐干旱、抗炎热的乔灌木，骨干树种有椰枣、蒲葵、棕榈、凤凰木等，其中椰枣也是重要的经济作

图1 满目葱绿的街景
图2 茱美拉清真寺内绿地
图3 银行门前绿化布置

图4 海滨绿色岸线

图5 棕榈岛上亚特兰蒂斯大酒店绿地

图6 建筑沿口及屋顶绿化

图7 新辟绿地时铺设的滴灌系统

图8 蒲葵树下的街道绿地

图 9 椰枣树穴的覆盖地被
图 10 绿浓浓的住宅围墙绿篱
图 11 难以种植行道树的街面

物，全国椰枣产量占世界的五分之一，成为出口创汇的商品。

为了确保树木根系能有充足的水源以应对高蒸发的气候，绿地开始新建时就在土中埋设了如同电线网一般的胶质滴灌系统，让水缓慢释放，维持根部的湿度，这样既节省淡水资源，又减少大面积绿地人工浇灌的压力，所有树木葱茏的绿地其实下面都有这样的灌溉结构。另外，对于面积不大的单位庭院绿地，在中午炎热时分工人便用水管来对树木和草坪浇水。因此，迪拜的绿地养护成本非常之高，每年每平方米平均15000元，而上海绿地养护费则在10～15元，两者相差1000倍。为此，要维持这片绿洲所花费的代价是巨大的，关键是需要高额资金的支持。迪拜的决策者谙知“栽下梧桐树，引得凤凰来”的道理，建成的优美的环境吸引了世界各地的投资客和观光团前来兴业、购物和度假，无限的商机使财富滚滚而来。迪拜没有因为已有的绿化成就而停止前进的步伐，一片片绿地正在加紧建设之中。迪拜的成功对建设美丽中国应该很有启示作用。

说起每年的3月12日——中国的植树节，阿拉伯联合酋长国也有一个植树周，此时正值那里的气候有一定的降雨，利于树木的成活。相对迪拜的自然环境，上海地理位置十分优越——有四季分明的气候、丰沛的降雨、纵横的河道、肥沃的土壤，加上政府每年对绿地建设和管理的大量投入。因此，绿化工作者和广大市民群众应该格外珍惜身边的每一株树，每一片草，每一处绿地，否则就愧对上苍的恩赐。

创造空间 带来价值
——记柏林波茨坦广场索尼中心

撰文 / 林小峰

上图 广场积聚人气，是游客与市民最爱去的地方

图1 玻璃天棚与建筑的关系
图2 天棚大气恢宏，结构优美
图3 广场中心建筑与顶棚的关系
图4 街区与索尼广场入口关系
图5 夜间天棚的灯光
图6 换个角度看天棚与建筑的关系

“气乘风则散，藏风是为了聚气”。考察完德国柏林波茨坦广场索尼中心这个洋气的地方后，不知怎的，脑海里跳出的第一反应竟然是中国古代风水师的一段口诀。

最初的波茨坦广场只有一个十字路口，后来在这里建起了波茨坦火车站。有历史资料显示，早在1838年这里就通了火车，继此之后又启用了电车。据说，欧洲的第一盏交通信号灯就诞生在此。交通的异常发达，使得这里成为柏林市繁华的中心区域，也成为首都生机勃勃的都市生活的代名词。但在第二次世界大战中，广场遭到严重毁坏。由于它地处美、英、法、苏管辖区的交界处，冷战时期的柏林墙将柏林分为东西两个城市，于是这片曾经的热土沦为没有人烟的隔离区，足足废弃了半个世纪。“两德”统一后，柏林进入大兴土木时期。1991年，这个片区以“城市综合体”为要求进行国际性设计竞赛，它被设计成为一个城市娱乐中心——一个以零售娱乐为主，包含了办公、居住、柏林影视中心及德国传媒中心以及日本商界巨头索尼中心的欧洲总部，成为新柏林的地标。索尼中心位于波茨坦大街北侧一块三角地上，该建筑占地26400平方米，共由8座建筑组成，其中包括索尼公司欧洲总部、电影媒体中心、写字楼、商业服务、住宅公寓、休闲娱乐设施等。整个建筑以办公和商业为主：办公、商业以及由办公商业混合两用的分别占50％、18％和13％，另外20％的为高档住宅。

在这次波茨坦广场总体城市设计竞赛中，慕尼黑建筑师希尔默和萨特勒的合作方案从众多国际一流大师的参赛方案中脱颖而出获得一等奖。方案中所坚持的“建筑的方块分布加短窄街道穿插”的欧洲传统城市模式为其精华要义，这个方案能延续传统城市格局的构想，同时方案提出的“不赞成高楼”也令其获得柏林市政府青睐。正如评论家所说，“这个优胜方案竭尽全力维护‘欧洲城市简洁而复杂的空间’的思想，而并非那种‘美国的摩天大楼概念’”。

这样的殊路同归，由外国建筑师和景观设计师Peter Walker设计的索尼中心创造了一个中国传统“藏风聚气”的空间：把与周边街区交汇的小街通过设计导入到中央的椭圆形广场，形成一个闭合的人行空间。整个广场被超级硕大的玻璃天棚覆盖，这座天棚堪称世界建筑结构的奇迹：由钢拉杆、350平方米的镀膜玻璃及5250平方米表面涂有特富龙的织物构成；天棚最宽处超过100米，其最高点距广场地面75米。它就像是漂浮在相邻的8幢建筑上的巨大“雨伞”，不仅会发光变色，更主要的是遮挡了雨雪，聚集了“气”——商业最需要的人气！

1

2

5

3

4

6

7

索尼中心的水处理值得我们深入研究。根据德国联邦和各州有关法律规定，新建或改建开发区必须考虑雨水利用系统，因此，开发商结合开发区水资源实际，因地制宜，将雨水利用作为提升开发区品位的组成部分。由于柏林市地下水位较浅，因此要求商业区建成后既不能增加地下水的补给量，也不能增加雨水的排放量，以防雨水成涝。消化不了的剩余雨水，将通过专门的已带有一定过滤作用的雨漏管道进入地下总蓄水池，再由水泵与地面人工湖和水景观相连，形成雨水循环系统。雨水净化的景观展示途径由北侧水面、音乐广场前水面、三角形主水面和南侧水面四部分水景系统共同完成。通过人工水系将都市生活与自然元素融为一体，不仅净化了雨水，同时还为这个喧嚣拥挤的城市增添了亲近自然的公共空间：其中索尼中心大楼前水柱四溅的喷泉周围是最聚人气的地方；位于戴姆勒-克莱斯勒公司总部大楼前的三角形人工湖，是广场的中心区域。这些水的设计使得中心广场成为环境中最出彩的区域——光线充足，绿意盎然，喷泉水景，25米高的IMAX立体大屏幕霓虹闪烁。广场中心采用了重复构图形式的三维空间设计：建筑的首层和地下层之间是一个半月形花坛，一个圆形的水池与半月形图案相交；水池大部分位于广场地表上，一部分悬在地下采光窗上，成为建筑地下层透明屋顶的一景，这样楼下的游客也可以欣赏到水景的奇妙变幻。

索尼中心广场景观设计总体风格硬朗、简洁、明快。材质与色彩高冷，玻璃、金属材料、石材统一有变化，植物设计简单，以椴树、白桦、杨树等当地的乡土树种为主。局部焦点设置的现代雕塑给环境加分不少。

由于空间的吸引，索尼中心周边的电影院、酒店、商店、咖啡馆林立，人流熙熙攘攘。每年能够吸引800万游客，游客的平均逗留时间为90分钟，这里的消费也远高于柏林其他区域，但是人们还是趋之若鹜。除此

图7 夜间天棚的灯光

图8 中心喷泉是视觉焦点

图9 广场中心的设计，简洁明快

图10 建筑物、构筑物、人的行为之间的关系

11

12

13

14

15

16

17

18

19

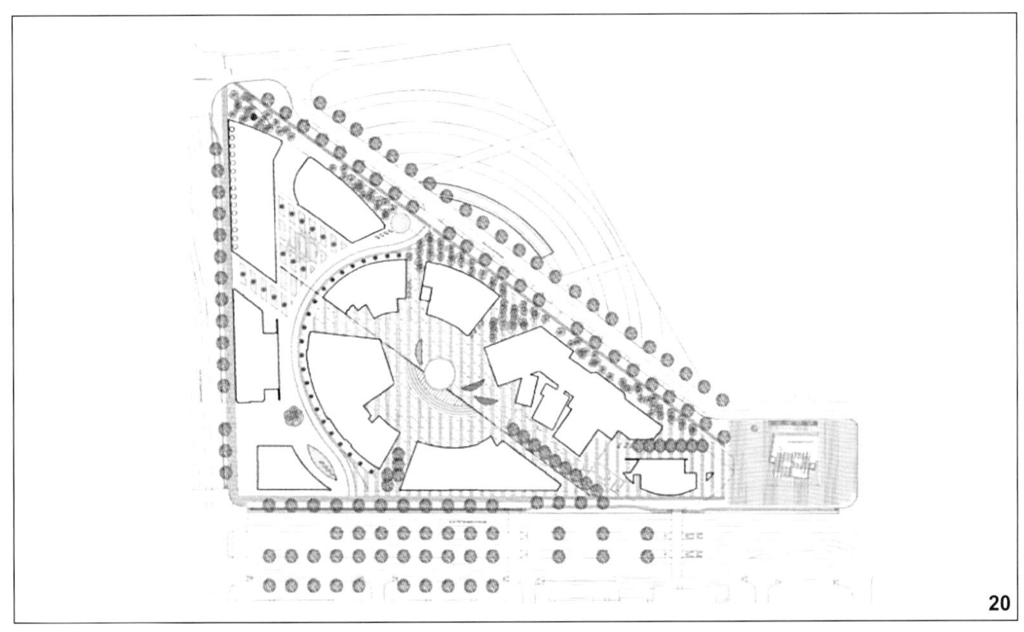

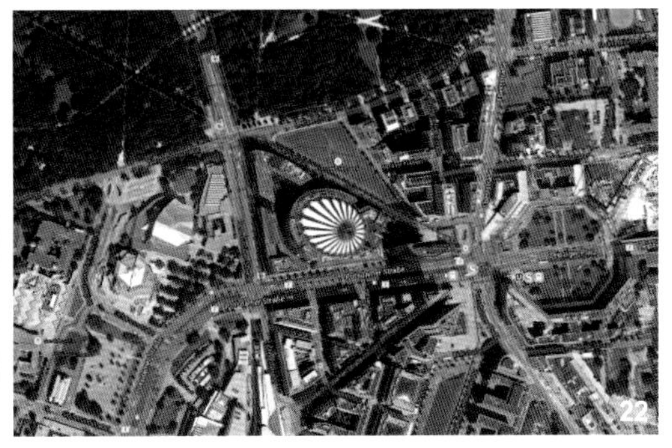

图11 绿色的白桦树柔化了刚硬的氛围

图12 地面铺装线条硬朗，色泽高冷，施工质量细腻

图13 铺地、座凳、垃圾箱统一设计，浑然一体

图14 夜间照明设计

图15 游客与雕塑的互动

图16 红色的现代雕塑非常抢眼

图17 座凳的设计匠心独运，本身也是雕塑

图18 植物选用了直立树形的乡土树种，增加绿视率

图19 入口的线性树木与座凳成为引导

图20 索尼广场平面图

图21 广场上的创意小店橱窗也是一景

图22 从地图上划分出索尼广场位置

之外，广场四周围绕了国家音乐厅、文化中心、新国家画廊、乐器博物馆、国家图书馆等，旁边还有大片绿地。有人说这就是现在的柏林：理性与感性的矛盾统一体。

波茨坦广场乃至柏林的城市更新过程，都深深地打上柏林市建设与规划局局长汉斯·史迪曼的烙印。史迪曼于1990年至2006年一直担任这一重要职位，他致力于恢复柏林的城市历史肌理，尝试将新的建设项目融入原有环境。史迪曼在访问中国时的讲座中曾阐述了他的观点："在东西柏林合并之后，摆在我们规划师面前的一个巨大的问题就是，如何再去重新规划、规整这个城市，如何再去'缝合'这个城市。我们给出的一个答案是：批判性重建。"

"因为在东西德分裂的时期，城市又有了新的个性。在城市合并之后，如何再去挖掘这个城市的特色呢？批判性重建就是我们给出的一张药方。就是说再找回柏林在工业革命时期所建立起来的城市道路网格系统和城市空间格局、空间比例，在这个基础上，并不是单纯地、复古地去修建一些古老的建筑，而是以新的建筑来重新占满和实现这种街道格局和街道比例。除了对城市功能的控制以外，规划局的另一项工作就是对城市建筑体量的控制。在内城区，我们的建筑师按照历史街区的体量，让所有的建筑物都控制在'檐口的高度22米，屋顶的高度30米'的这样一个体量之内。这也是整个柏林看上去和谐的关键。"

通过以上索尼中心这一个优秀的城市设计，得出一个要点：设计重点不仅是美观，更重要的是功能。像索尼中心通过"汇聚"的空间将购物、娱乐、文化、商务、居住及办公空间整合在一起，使这片焦土重新焕发出勃勃生机，就是有机的城市再造范例。

从梅尔凯施新区到安亭新镇
——中德新城中的公园绿地比较

撰文 / 董楠楠 黄斌全

作者介绍

董楠楠 同济大学景观学系副教授，博导，同济大学建筑与城市规划学院院长助理，同济大学建筑环境技术中心副主任

黄斌全 上海市城市规划设计研究院，规划设计师

上图 建于20世纪70年代的集合住宅

近些年来，随着国内各大城市掀起的一股新城建设热潮，“新城”这一概念逐渐进入公众视野，关于其使用功能和社会价值的激烈讨论也开始出现于各种媒体。一方面，新城承载着人们对于绿草如茵、洋房别院的生活的希冀和期待；而另一方面，关于新城沦为“卧城”和“死城”的批判也屡见不鲜。

新城建设的历史可以追溯到20世纪中叶。伴随着第二次世界大战的结束，欧洲老城中经济和人口的压力日益加剧，而新城的出现很好地起到了疏解人口、创造就业、预留发展用地的作用。与此同时，新城的社会价值很大程度上是通过其中的公园绿地来实现的：一方面，公园绿地可以提高新城的环境质量，提供一个生态绿色的宜居环境；另一方面，它又可以促进社区居民之间的交流和互动，增强社区归属感和地方性文化氛围。本文就将对于新城发源地之一的欧洲德国进行解读，并结合中国新城实践的代表——上海安亭新镇的案例，对比研究中外新城公园绿地在使用功能、社会价值和建设模式上的差异。

一、德国新城建设

德国从20世纪60年代起经济迅猛发展，城市不断向外扩张，在着重解决交通和基础设施问题以及政治旧城的同时，城市建设的重点从50年代的对市中心及已有的城市街区的重建转到在城市外围的新城建设。其中，位于柏林市郊的梅尔凯施新区（Märkisches Viertel）可以说是那个年代新城的代表，发展至今已过去了半个多世纪。

柏林梅尔凯施新区位于德国柏林市北部的赖尼肯多夫区内，是一处依托房地产开发而兴起的卫星城，乘坐公共交通前往柏林市区约为30分钟，规划居住人口为5万人。该新城始建于1963年，陆续建设直至1974年春。新城规划之初，其社会目标被设定为分流市中心的人口压力，创造良好的居住条件，提供民主公平的居住环境。同时，政府邀请35位国内外的设计师对其中的不同建筑分别进行设计，致力于打造现代主义的新型居住社区。但是由于建成之初，新城的基础设施严重匮乏，商店、餐馆、学校和活动场地不能满足居住者的需要，使得新城陷入

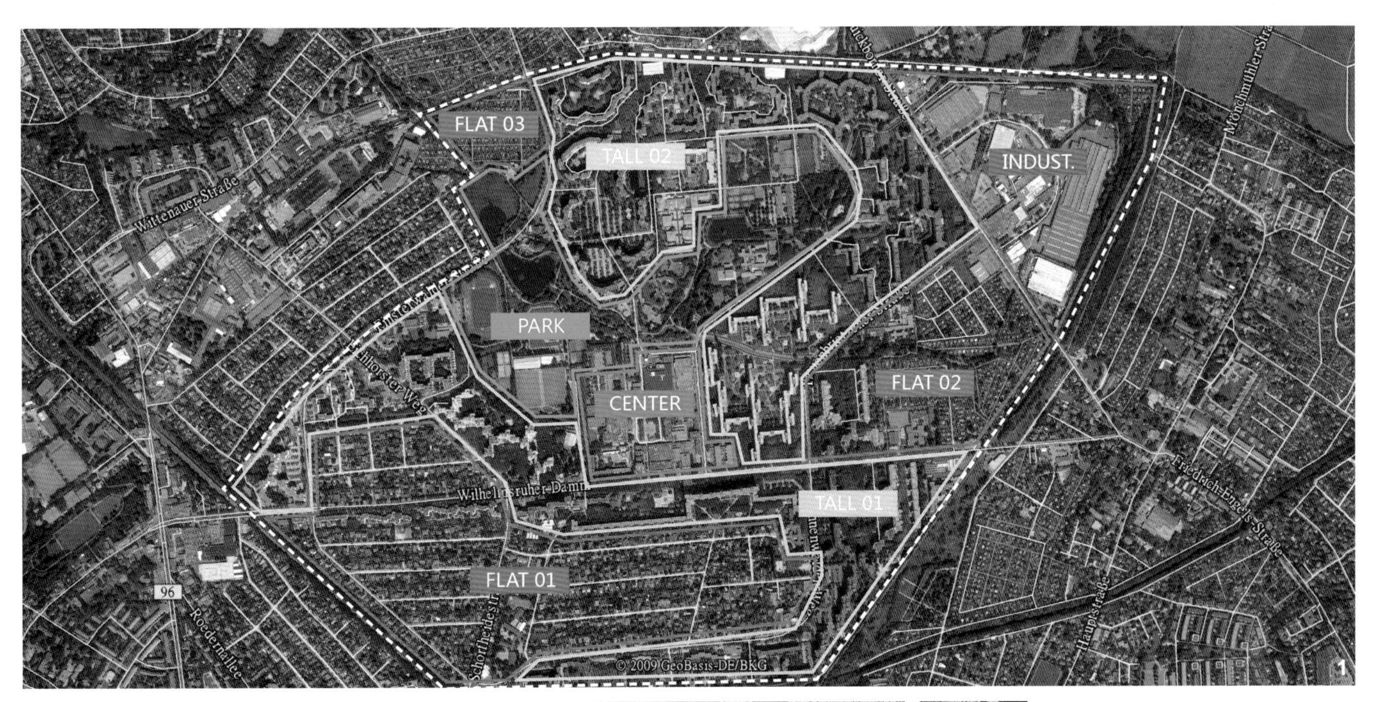

图1 梅尔凯施平面图

图2 居住区中的小型绿地和座椅

一片死寂。此时，新城中的大多数住户为中低收入阶层，这和规划之初的社会人群有很大差距。不过逐渐地，通过增加新的基础设施，更新和改造已有的建筑和开放空间，新城重新焕发生机，最终摆脱了原先的负面形象。

初到梅尔凯施新区，并没有看到想象中的广阔舒适的缓坡草坪，抑或是与世隔绝般的田园美景。相反，看到的是一大片连接交错的大板房，显得呆板而单一；同时，包围楼房的宅间绿地似乎也差强人意，仅仅提供了一些基本的木质座椅。不过细细想来，这也倒符合规划建设之初的时代特征：受到柯布西耶的新建筑的思潮影响，以及对于廉价住房的巨大需求，建设模块化统一化的住宅楼势必可以提高用地效率，保证居民的公平性。

绕过巨大的高层集合住宅楼，来到其内庭院，展现在眼前的是一片儿童游乐设施。

图3 新城社区绿地中的儿童游乐场地

图4 新城社区绿地中的儿童游乐场地

图5 充满野趣的园路，消失在自然的背景之中

图6 各种鸟类在这一公园中找到了栖息之所，和新城居民和谐地生活在一起

图7 微风拂来，波光粼粼，远处成片的乔木恰到好处地遮住了背景的高层住宅楼

和国内高度人工化的儿童游乐园不同，德国的社区儿童游乐场地多结合自然地形，沙石铺地，木质围栏，配以预制化的滑梯、跷跷板等设施，可以让儿童在游戏娱乐的同时，更多地与自然接触和互动。

沿着新城中的人工水系和小径来到新城的中心公园，一幅自然郊野的景象出现在眼前：巨大而清澈的湖面，连片的乔木环绕周围，高高低低的芦苇点缀于其中，遮挡了部分湖面，呈现出一种“犹抱琵琶半遮面”的效果。随着脚步的移动，欣喜地发现湖面上竟停歇着不少鸟类，有天鹅、绿头野鸭、白骨顶鸡、海鸥等不同种类，时而嬉戏追逐，时而盘旋而起。就在这种优美如画的自然环境中，周边居民悠然自得地享受着自己的生活，或推着婴儿车散步，或面对湖面享受阳光，或结伴绕湖慢跑。身处其中，远处的高层住宅被成片的大树掩盖而消失于背景之中，使人忘却了这只是一个住区，仿佛置身于野趣横生的大自然之中。

3

4

5

6

7

二、中国新城建设实践

在21世纪后的短短几年间，上海政府陆续提出了“一城九镇”计划、“三城七镇”计划和“1966”的城镇体系发展规划，从中不难看出，新城建设已经成为中国现今城镇化发展的重要方式。在新城建设的过程中，中国在一定程度上借鉴了国外的设计理念，比如上海的安亭新镇就是以德国小镇为蓝本而规划建设的新城。

安亭新镇位于上海市嘉定区，是上海市试点城镇建设“一城九镇”计划中率先启动的第一镇，规划用地4.9平方千米，规划居住人口5万~8万人，从建设之初至今已有10年的时间。安亭新镇由负责上海国际汽车城总体规划的德国规划师阿尔伯特·施贝尔统一设计，并由不同的几家国际事务所分别进行其建筑和景观的设计。新城风格上被定调为：以德国古典城镇为蓝本，体现“原汁原味”的德国风格。

刚来到安亭新镇，映入眼帘的便是安礼路两侧大片的绿地和水面，草坪上设有木质儿童游乐设施与休闲长椅，绿地结构疏朗明晰，风格自然粗犷。成片的缓坡草坪，视线开阔，带来满眼鲜嫩的绿色，给人以最大的身心放松，不时还可以听到爽朗的鸟叫和低沉的蛙鸣，使人仿佛置身于广袤无垠的自然世界之中。同时，由于位于安亭新镇的入口，紧邻城市主次干道，这一绿地具有良好的交通区位，可以作为日常及周末郊野游憩的良好选择。

但通过实际走访，发现该公园中活动的人却寥寥无几，其儿童游乐设施基本属于闲置状态，这在一定程度上是由于新镇人口不多和居民社会结构不完整。但同时，由于其他诸多因素的影响，往往建筑和小品设施的管理和维护存在不少问题。

随后沿着新镇内的主要街道，漫步至其中一处名为雅苑组团的社区。这是一处内向性的居住组团，由十字交叉的林荫大道与外部道路相连，其中的绿地被建筑分隔成不同大小的几块，并在组团中央形成一个汇聚的喷泉广场。四层暖黄色的住宅楼限定了街道空间，两排行道树投下凉爽而连续的树荫，并分割了街道空间，使得街道尺度显得更为怡人舒适；同时，建筑底层的部分架空和商业功能进一步激发了生活场景，营造出轻松休闲的社区街道景观。两条林荫大道交汇处形成了社区中心广场，铜质雕像和喷泉正好位于两条视觉通廊的焦点上。位于雕塑旁边的一家酒吧颇为引人注意，凭借德国小镇的名号，该店打出了新镇德国啤酒节的招牌。不少中外年轻人围坐在小店门口，一边大口喝着啤酒，一边开怀畅聊，休闲惬意地享受着闲适的小镇午后时光。通过交谈了解到，这些年轻人多为周边生活的居民，他们互相认识和了解，经常聚在一起活动。其中，甚至还有人帮外出的邻居看护小孩，这是市区中一般较难见到的景象，也体现了社区中较强的凝聚力和归属感。但是，受到商业开发因素的影响，新城内许多店铺尚未开始营业，一定程度上也影响了整个新镇的活力和人气。

图8 广阔的草坪和成片的树林，却没有设想中露营野炊、聚会游戏的场景

图9 绿地中的基础设施损坏严重，缺乏适当的管理

图10 雅苑社区中心广场的铜质雕像

三、中德新城绿地对比

安亭新镇依照德国传统乡镇风格建设，同时由德国事务所参与规划设计，因此在一定程度上与德国新城具有可比性与相似性，具体体现在社会目标、整体风格以及遇到的社会问题方面。

社会目标上，柏林和上海都希望通过新城的建设，来疏解市区人口压力，提升居住环境品质，提供就业岗位，以及吸引高端人才。具体而言，柏林新城侧重于解决人口膨胀与就业压力问题，而安亭新镇则更强调其限制都市蔓延、提升居住环境的功能。综合而言，新城建设对于这两个城市来说，都是解决空间、人口、环境、经济、社会等综合矛盾的一种建设策略。

相比于市区，安亭新镇的路网密度更大，而建筑及街道尺度明显小了很多，其居民住宅多为4~7层，社区街道宽度也基本控制在20米之内，形成了尺度较为怡人的户外空间。这一点与德国新城具有一定相似性，尽管建于“二战”之后的梅尔凯施新区中有着许多高层住宅楼，但是其建筑密度还是明显小于市区。因此可以看出，这两个新城在空间结构组织方面都注重自然的环境与适中的尺度，突出了新城生活与市区的差异。

建成之后，不论是安亭新镇还是柏林梅尔凯施新区，都遇到了或多或少的社会问题。柏林新城在建成之后的几年中，由于入住居民不多、基础设施不足，户外空间一片死寂，形成了许多负面的社会空间。而安亭新镇同样面对基础设施的配套问题，商业设施不足，新城缺少人气，户外公共空间使用效率低下。

尽管如此，由于产生于不同历史时期与社会文化背景下，两个新城的差异还是显而易见的，包括社会背景、价值取向、建设模式、设计风格和后期管理。

不同的建设年代下，社会背景和大众审美是截然不同的。德国新城建于20世纪六七十年代，受特殊时代背景的影响，人口暴增、住房紧缺、贫穷和暴力等社会问题严重，人们希望能够过上稳定、公平、阳光的生活。同时，在那个年代，现代主义建筑尚属流行，区别于繁杂的传统欧式装饰，功能主义占据主导，人们对于柯布西耶提出的现代城市具有美好的憧憬和向往。而中国的新城多建于21世纪，现代主义和功能主义已经失去了昔日的统治地位，人性化和个性化的生活受到追捧。另外，某种程度上，国内民众对于西方人的生活方式存在着一定的向往，也使得模仿传统欧式景观的潮流在国内至今

图 11　酒吧门口摆放了许多座椅与游乐设施，成为附近居民聚集和休闲的重要场所

盛行。

就新城景观的价值取向而言，德国的新城更为重视环境生态方面的效应和价值，旨在为创造人类和自然和谐共融的栖居环境，在对美好环境的享有上，动植物和人类有着一样的权力。因此，德国新城绿地中仅提供了少量必须的游憩设施，而道路铺装和植物配置皆尽可能遵照自然的方式。比较而言，中国的新城则更侧重以人类价值为导向，强调以人为本，重视通过人造景观加强社区凝聚力和归属感。德国新城景观的特点集中体现在其自然秀美的中央公园上，而安亭新镇的景观特色则体现在其多样丰富的宅间绿地上。

在建设模式方面，中德新城也存在明显差异，德国新城相对更具有生长性。德国新城建设之初往往只完成基本的建筑和基础设施，将有待发展的用地预留，在后期发展的过程中逐步完善绿地景观和游憩设施。同时，由于其新城景观多为自然形式的树林和步道，便于日后维护和更新。而中国新城的景观往往在建设之初就完工了，作为新城楼盘销售的配套产品而出现，其经济价值在这一时期表现明显。而一旦新城完工，居民开始入住之后，景观便鲜有更新。因此，中国新城景观面临的很大问题就在于：新城完工初期，景观资源和游憩设施大量闲置浪费；而使用若干年之后，游憩设施又容易受到破坏。

景观的设计风格往往与其后期管理紧密相关。德国新城景观多自然，少人工，步行小径多采用砂石的透水路面，追求自然生态的荒野美感。由此，带来了后期管理维护的便利，每年只需稍加修建和维护，养护成本低。而且乔木随着时间的流逝而愈发粗壮茂盛，也使得其景观效果愈加突出。反观中国新城的景观以突出人造景观为主，且注重通过细节和局部的景观家具增加环境品质。这类景观虽说精致美观，但在后期维护上却十分困难，易受破坏，常常需要大量人力财力的投入。

新城之所以“新”，在于其建设前后的空间形态、交通组织、风景地貌和社会结构都发生了巨大变化。由此，建成后的新城公园绿地难免会出现或多或少的使用问题，和规划之初的社会价值存在一定的差距也在所难免。对此，新城建设需要合理而适度地借鉴国外案例，绝非照搬设计风格，更多地考虑后期的维护管理，避免追求一时美感。同时，吸收实际使用过程中的反馈，不断更新规划设计策略，实现新城“生长式”地发展，才能促使新城在不断变化的社会结构背景下最大限度地发挥其社会价值。

上图 代表宽窄巷子的“宽窄”二字

小巷子里走出的大路

——以成都“宽窄巷子”改造项目为例

撰文 / 林小峰

长期以来，我国的古城及特色老街保护、再生与利用始终处于矛盾和纠结中：维持原样吧，面貌破旧、秩序混乱、环境脏乱、设施设备已经不能适应现代社会需要；改造吧，免不了硬件上要伤筋动骨，软件上要调整业态，破坏传统的质疑始终伴随。在这里面掺杂了不同人群的情感要求、不同界别的利益诉求、不同方向的文化追求，夹杂在环境营造、经营维护中的景观设计，更是怎样一个“难”字可以概括。这也是在全国“叫好又叫座”的改造项目少之又少的根本原因。近期到成都的“宽窄巷子”更新案例去考察，总体感觉不错，对这个老问题有了新想法。

“宽窄巷子”由宽巷子、窄巷子和井巷子三条平行排列的城市老式街道及其之间的四合院群落组成，每条巷子长250米，因为小巷一宽一窄，有了“宽巷子”和“窄巷子”的称呼。它们都不足8米宽，民间也有“宽巷子不宽，窄巷子不窄”的说法。这里在清代曾是八旗官兵驻防的地方，宽巷子西口为镶红旗的地盘，窄巷子西口则为正红旗驻地，墙上前人留下的拴马石告诉人们，这里曾经住着大户人家。不同的大门装饰，喻示着门第区别。这是成都原来33条清朝兵丁巷子中仅存的2条，正因为它的历史和装载着的故事，其人气在十几年前已经非常旺盛了。它是成都市三大历史文化保护区之一，是老成都千年城市格局和百年建筑格局的最后遗存，也是北方胡同文化和建筑风格在南方的“孤本”。

从2007年起，成都文旅集团对宽窄巷子进行全新打造。搬迁900余户居民、修复50个院落、改造3万多平方米地面建筑、修建1.1万多平方米地下停车场后，白天游客如织，夜晚趣味盎然，老街重新焕发生机。

在下午与晚上两个不同的时间段内，反复把这三条巷子巡视了两遍，回来又查阅了项目可行论证、招标文件、新闻采访等改造资料后，发现这个项目能这么受欢迎，做法与特点有这么几条。

一、总体定位准确

宽窄巷子历史文化片区保护性改造工程，努力寻求历史文化保护街区与现代商业成功结合的经营模式，以“成都生活精神”为线索，在保护老成都原真建筑风貌的基础

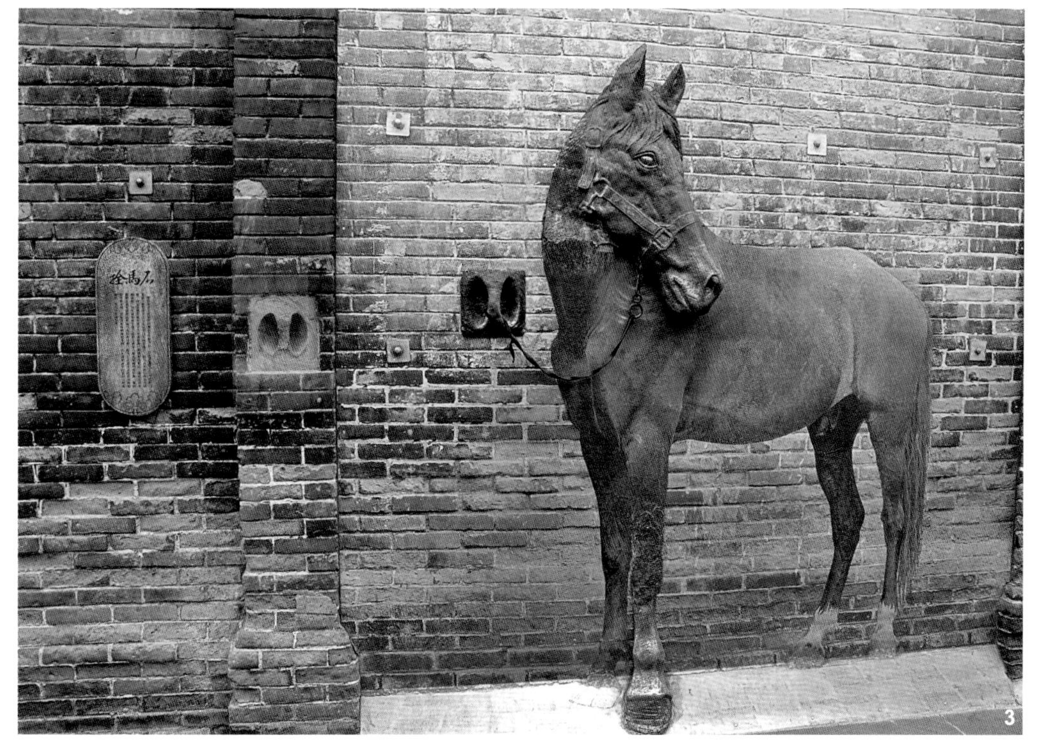

图 1　宽巷子不宽

图 2　窄巷子不窄

图 3　窄巷子 32 号的老墙上，拴马石虽然已风化得斑驳，但通过现代雕塑艺术，得以重现当年的景象

上，形成汇聚街面民俗生活体验、公益博览、高档餐饮、宅院酒店、娱乐休闲、特色策展、情景再现等业态的“院落式情景消费街区”和“成都城市怀旧旅游的人文游憩中心”，打造“老成都底片，新都市客厅”。

二、分类判断实际

项目在修复设计之初，进行了详细的实地测绘工作，将宽、窄、井巷子中的每一个院子按照建筑所蕴含的历史文化与建筑价值，分为了一类、二类、三类三个级别加以保护性的设计，按照“修旧如旧，落架重修”的原则，力求尽可能地保留古建筑，还原历史建筑的本来面目。为加强对项目的监督和指导，成都文旅集团邀请了历史、文化、艺术、建筑、考古等方面的专家学者，成立了“宽窄巷子历史文化保护区专家委员会”，指导各项保护工作。因此，宽窄巷子的一砖一瓦，每个院落的格局，都是对历史的还原。

宽、窄、井三条巷子房屋和古迹是否属保护范围，划分标准大致以新中国成立前后这个时间为依据，属于保护范围的老建筑占整个片区建筑的40％左右。在具体的实施过程中，片区内的房屋和历史遗存共分成六类，其中，属于保护范围的有三类。第一类：有历史内涵、信息，建筑保存较好的老建筑基本不动（所占比例大约是15％）。第二类：有一定损害的古建筑，视具体情况进行修缮（所占比例16％~20％）。第三类：损害较大的古建筑，把住户自己加上去的东西去掉，按最初样子复原（所占比例在7％~8％）。

而第四、五、六类建筑则将全部拆除。这

图4 川西建筑与现代风格的有机结合
图5 火锅店的设计
图6 创意邮政局
图7 店招设计真是独具匠心，看看招牌的名字和那条灵动的鱼
图8 花间的店招应该取自李白《月下独酌》中的“花间一壶酒”
图9 夜色中的“花间”茶室，古色古香
图10 瓦片可以做很现代的装饰
图11 宁静安详的书局

4

5

6

7

8

9

10

11

部分的建筑主要是在近二三十年或者说20世纪60年代以后至今，住户自己搭建的临时建筑。在改造中，对于那些具有历史遗痕和带有历史信息的宽窄巷子临街围墙、各种门洞以及大树也将予以保留。所有房屋建筑檐口最高都不会超过12米，楼层最高不超过3层。同时，改造时除了基础设施外，对花坛、座凳、路灯、招牌、指路牌、说明牌、窨井盖、垃圾箱统一做了设计定制，相当细致。

三、主题与风格统一且有变化

改造后的宽巷子、窄巷子，其旧有的单一居住功能得到置换和丰富，向以“文化、商业、旅游”为核心的功能转变，其间设置一些区域，专门用来展示一些早已失传或将要失传的古老艺术和文化，如蜀绣、蜀锦、竹编及漆器工艺等，还修建了一些具有特色的纪念馆，旧时的画馆、文馆、茶馆、戏馆等，并且邀请一些顶级艺术家以及文化名人

图12 统一设计的路灯
图13 统一设计的花箱
图14 统一设计的井盖
图15 统一设计的垃圾箱
图16 统一设计的树穴
图17 统一设计的座凳

来这里从事创作，业态的选择比较成功。

院落文化共分为三个主题。

1. 宽巷子是“闲生活”区

以旅游休闲为主题。改造后的宽巷子是老成都生活的再现，在这条巷子中游览，能走进老成都生活体验馆，感受成都的风土人情和几乎要失传了的一些老成都的民俗生活场景。而四合院中可以品上盖碗茶，吃上正宗的川菜。宽巷子唤起了人们对老成都的亲切回忆。新建的宅院式精品酒店等各具特色的建筑群落，给富有传统气息的巷子点缀上了时尚的气息。

2. 窄巷子：老成都的“慢生活”

成都是天府，窄巷子就是成都的“府”，改造后的窄巷子展示的是成都的院落文化，一种传统的雅文化：宅中有园，园里有屋，屋中有院，院中有树，树上有天，天上有月……这是中国式的院落梦想。窄巷子植绿主要以黄金

18

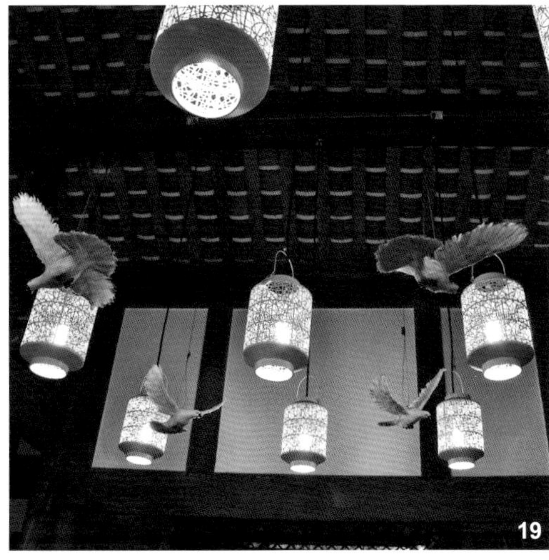
19

图 18　这个中国元素的橱窗一点不输国际大牌

图 19　传统工艺依然可以让灯很时尚

图 20　心思花上去了，灯都可以成为艺术品

图 21　中国元素的新演绎给国人带来自信

图 22　灯景如电影场景

20

21

22

竹和攀爬植物为主，街面以古朴壁灯为装饰照明，临街院落透过橱窗展示其业态精髓。窄巷子将形成以各西式餐饮、轻便餐饮、咖啡、艺术休闲、健康生活馆、特色文化主题店为主题的精致生活品味区。特别是DIY区域深受年轻人的喜爱，大家在院子里，动手绘制创意熊猫，兴致盎然。另外，无人看守的公益售货亭代表了时代的正能量，让人感动。

3. 井巷子：成都人的“新生活”

井巷子的定位是成都人的新生活。通过规划改造，井巷子将是宽窄巷子的现代界面，是宽窄巷子最开放、最多元、最动感的消费空间——在成都最美的历史街区里，享受丰富多彩的美食；在成都最精致的传统建筑里，享受声色斑斓的夜晚；在成都最经典的悠长巷子里，享受自由创意的快乐。井巷子形成以酒吧、夜店、甜品店、婚场、小型特色零售、轻便餐饮、创意时尚为主题的时尚动感娱乐区。

宽窄巷子景区于2008年6月14日正式开放。开街第一年，就吸引800多万名游客，并先后获得2008年“中国创意产业项目建设成就奖”、“四川省文化产业示范基地”、2009年“中国特色商业步行街”等荣誉称号。当然成都宽窄巷子项目改造不是没有遗憾，从现场目测，至少有15%以上的大型宅院已经成为私人会所或紧闭大门不向一般市民与游客开放。改造项目需要资金回笼可以理解，

图23 蓝色夜幕下的宽巷子灯火阑珊

图24 夜色中的宽巷子，懒散松弛

图25 越是草根越有生命力，宽巷子吸引成都内外游客

图26 年轻人在窄巷子的院子里做DIY，兴致勃勃

但这个比例不能再扩大了，否则影响逛街情趣。比较担心随着租金等成本上涨，宽窄巷子街区滑向高消费业态，失去它的广泛性与代表性。另外，按城市大广场改造后东面的空间，无论是构筑物还是大量的铺装，都与紧邻的宽窄巷子风格反差过大，倒是西面的新建小游园尺度宜人些。

就像去北京旅游，都向往坐着人力三轮车游览什刹海胡同；到上海旅游，必定要去看看传统的里弄石库门；现在游客到了成都，就想去转转宽窄巷子。看到那种由街巷、建筑构成的空间，感受由树木、花草组成的情调，听到那方言俗语充满的差异，吃到那奇妙的当地特产，体味本地人和外地人共同共处的和谐景象，多像一幅“新”的清明上河图，展示充满生机的图景。

我们在这个不足8米的小巷子内得出这样一个结论。

以前有句大家耳熟能详的话：“越是民族的就越是世界的。”其实，从成都“宽窄巷子”项目改造来看，反而“越是民族的就越是国人的”，中国人对传统的记忆是纳入整个民族细胞的DNA片段，可能被国际化浪潮抑制，但只要有机会就会被自然激活。问题不在于是否改造，而是以怎样的立意、怎样的方法来做，并做好管好。

因此，我们应该有文化自信，并借此规划、营造与保护。

图27　推开这样的门，就象迈进了厚重的历史

图28　没想到星巴克还可以穿上中国大褂

图29　这样的舒适环境，生活真的可以慢下来

图30　窄巷子的川西建筑风格独特

图31　为了集散人群，做的新广场，个人认为尺度太大，没有亲切感，其实可以分几个区，衔接过渡更好

27

28

29

30

31

老厂房再生记

——北京三里屯1949会所景观设计中的历史记忆

撰文 / 易兰设计

作者介绍

易兰设计 具有城乡规划甲级资质、建筑工程甲级资质、风景园林甲级资质单位。国内首家上市的以园林设计为主的一线设计品牌

上图 建成的1949在一片高楼大厦之中独树一帜，被称为闹市区内的世外桃源

现在园林景观涉及的范围越来越广，类似老厂房改造的商业景观项目越来越多，从北京的798，到上海的M50、田子坊等。以前所有的设计教科书都没有这个类别介绍，没有现成的经验，设计师们只好各显其能、因地制宜、创造性地解决问题，北京三里屯1949会所就是这样一个有特色的成功案例。

1949会所位于北京东三环西侧，毗邻三里屯。会所建筑的前身是北京一家以研究机械设备为主的工厂，原来是典型的20世纪50年代工业厂房，红砖青瓦，砖木结构，低矮破旧，并已废弃多年。如何让这样简陋难看的老厂房获得新生，是对设计师功力的一次挑战。易兰设计团队认为，人们对周边环境的美好体验通常与每个人过往的记忆有着千丝万缕的联系，因此在设计1949会所时，秉持“让记忆延续，让历史回归”的理念。在保护现有大树和厂房等历史文化痕迹的基础上，结合项目地处高消费商务区和前卫文化聚集地的区位特点，把老厂房打造成一个充满历史记忆的时尚商务会所，既保留了文化痕迹，又不乏现代活力，有效实现了“物理的新旧转化”与“历史的时空对话”。整体布局在保留原有10栋厂房位置基本不变的格局上，通过建筑体量和交通路径的重新组织，创造出主次分明的总体关系、转折递进的空间序列以及内外流通的互动空间。把原本功能单一的厂房改造为多功能的现代会所，集合了艺术画廊、阳光室、中餐厅、西餐厅、贵宾室、面吧、酒吧等现代功能区，并创造性地将原冷却水井改造成时尚井吧，满足多样化的客户需求。

各功能区有相对独立的界定，同时通过窗户、景墙进行空间之间的渗透，保持了整体环境的流畅感，廊道则将各个区域串联成一个整体；框景、落地玻璃等使内外空间彼此对话；庭院餐饮、交通景桥、屋顶平台等不同标高的空间丰富了竖向层次，创造了多种空间活动模式，并增加了可使用面积。这些设计手法使1949在有限的区域内得以灵活地适应各种使用功能和空间的需求，显现出加倍的空间效应。

建筑主体的改造强调“整新如旧”和“生态重生”。

图1　原来厂房建筑为砖木结构，低矮破旧，红砖青瓦，已废弃多年

图2　场地内原有工业井

图3　这样简陋难看的老厂房如何获得新生，非常考验设计师功力

图4　原来典型的20世纪50年代的工业厂房

图5　设计在不同标高的就餐区、景桥、屋顶平台既丰富了空间层次又增加了使用面积，在有限的空间内让人感到舒适优雅且不显局促

一是将原有建筑进行加固和再利用。原建筑多为砖木结构，主要由砖墙承重，而改造后的保留建筑基本为混凝土框架结构，砖墙主要起维护的作用，原先被拆除的老砖也被重新利用砌筑墙体或作为铺地材料。既体现了经济性又强化了场地原有的记忆。游走在这里，能强烈感受到始于足下的历史气息。

二是根据新的功能需要进行加建或材料转变，但尺度和形态仍和原建筑保持风格统一。内院的糖果吧采用了双层Low-E玻璃幕墙与深灰色钢结构框架相结合的方式，与原有砖房对接；原有大树穿过玻璃盒顶的开口继续生长；在旧建筑屋顶设置的采光天窗和简约的木质窗框百页，将场地现状的浓密绿荫有机地融合进来，与质朴的红色砖墙及灰色瓦顶共同形成了一个内外一体、生态重生的场所。

三是对拆除旧材料重新利用。在项目的改造过程中，设计团队保留了大量拆除的旧材料，如设备桥、工业铁门等。这些“旧材料”是经历了几十年的岁月洗礼，它代表了一个时期的生产力，是历史上一段时期建造技艺的物化表现，是场地内珍贵的历史记忆。修建过程中，设计团队在保留了建筑主体结构的同时，将场地中拆除的设备桥、工业铁门进行打磨翻新，并根据空间功能需求重组利用。工业废弃的木条，经过设计师的加工和再利用，成为了建筑的廊架。

图6 拆除的木材与砖瓦作为铺装材料

图7 通过现代手法的设计，在保留历史记忆的同时具有现代感

图8 将原有建筑墙体打开，使内部空间向外延续，内外呼应

图9 设计团队将场地中拆除的设备桥重新利用

图10 工业铁门进行打磨翻新，并根据空间功能需求重组再利用

图11 工业废弃的木条，经过设计师的加工和再利用，成为了建筑的廊架

图12 在项目的改造过程中，设计团队保留了大量拆除的旧材料，如金属桥

图13 这些“旧材料”是经历了几十年的岁月洗礼，它代表了一个时期的生产力

图14 建筑在改造中融入现代材质

四是利用旧物出新亮点。场地内原有工业井被设计团队保留并加以利用，以原有外形结构为基础，配合玻璃和变色LED光源等现代元素，打造出颇具现代感的时尚井吧。设计师还将井内空间进行了巧妙的利用，改造成储酒的酒窖，成为场地内有效吸引顾客的一大亮点，实现井吧新与旧、历史与时尚的完美融合。

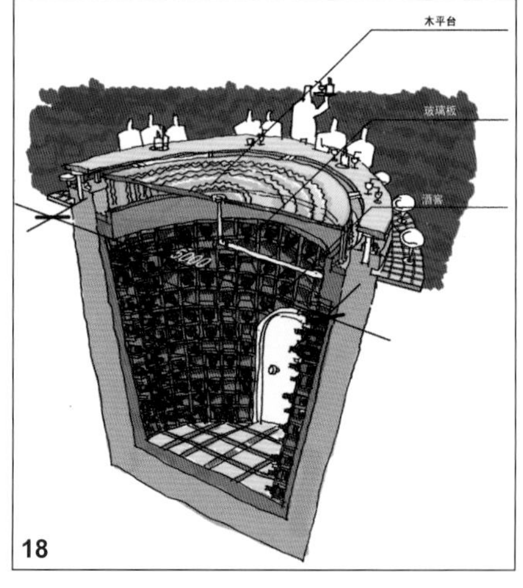

图15 以原有外形结构为基础，配合玻璃和变色LED光源等现代元素，打造颇具现代感的时尚井吧

图16 井吧“新与旧”的完美融合，成为场地内的一大亮点

图17 游客非常享受改造后的空间

图18 原来工业井被设计成酒窖与吧台

在绿化方面，设计团队充分尊重和保护树木。原有的高大树木得到完整的保留和利用，树荫下成为颇具人气的露天餐饮区。另外，设计通过维护与补种的方式，将整个场地掩映在绿色中。

在艺术元素的植入方面，设计不仅保留了场地的工业感，更是将现代化的艺术气息融入其中。设计团队收集了大量民间艺术家的雕塑和景观小品，将其设置于场地的各个角落，或传统、或现代、或国内、或境外，不一而足、别具一格，使环境充满了艺术氛围。

图 19　场地内原有的大树得到了完整的保留

图 20　设计通过维护与补种的方式，将场地掩映在郁郁葱葱的绿色中

图 21　通过植物围合私密空间

图 22　区域内保留树木分布图

图 23　雕塑使环境充满了艺术氛围

图 24　独具味道的雕塑值得细细品味

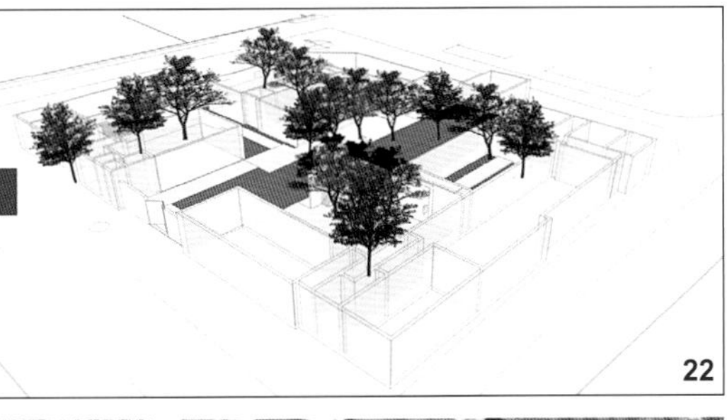

在室内装饰方面，体现了对历史文化的尊重与保护。餐厅室内设计充分暴露原建筑的结构，不附加任何多余的装饰。设计团队保留了原有工厂建筑物的特高天花板、外露横梁、砖墙以及铺以橡木地板的风格特色。室内设计风格具有现代建筑风格中粗野主义的影子，同时融入诸多时尚元素。这种风格的混合搭配使得餐厅具有独特的文化气质，反映了北京当代文化艺术思潮的影响：室内墙面采用清水砖装饰，墙面上悬挂着精心选配的绘画作品，这些作品风格与室内空间的设计风格相协调；浅紫色的餐桌台布为餐厅增添了温馨而恬静的氛围，一部分餐厅室内空间中充满古典韵味的装饰灯具成为空间活跃的亮点，空间总体设计沉稳、清新、

图25　璃幕墙和采光天窗元素的加入，使建筑充满现代感

图26　玻璃嵌入了旧时的红砖墙，映入了都市的高楼大厦，静静感受着时光倒流

图27　内在门窗、桌椅、灯具等细节上强调传统中式风格

图28　红砖墙与射灯的搭配设计，符合现代人的审美需求

淡雅。

改造后的1949会所提供了一个具有多样化餐饮环境的休闲场所，面积达4000平方米，超过500座位，汇集室内、室外餐厅、酒吧、香槟吧、咖啡室及户外花园啤酒吧等，更设有高级私人会所及现代艺术画廊。原来破旧的厂房，被打造成集优质餐饮、娱乐及文化三位一体的综合场所，看着前后对比照片，恍如隔世，难以置信。

周边高楼大厦林立，外面车水马龙喧嚣，掩映在郁郁葱葱绿色中的1949，成为一个隐于闹市中的历史名片。

图29 北京三里屯1949会所总平面图

图30 改造好的建筑与小品脱胎换骨

图31 北京三里屯1949会所现在全景

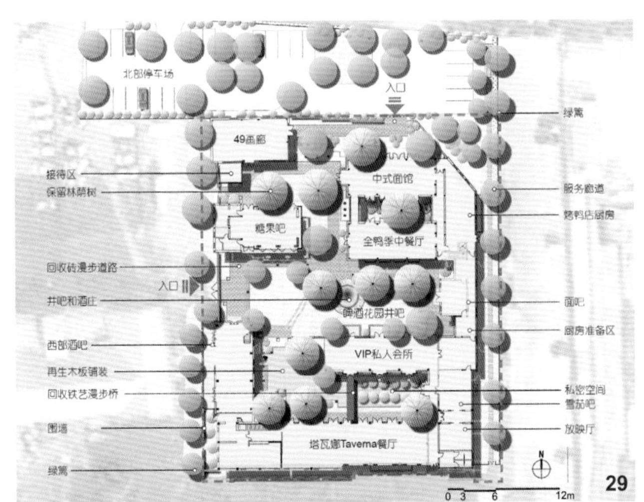

假日的天堂

西风渐进，公园、楼盘、酒店都以邀请洋人设计为卖点，从罗马式到意式、从法式到加州风情，林林总总，不一而足，中式似乎只有古镇才用，这是多大的谬误。洋为中用、古为今用才是正道。我们特别选取了近期在国内获得好评的新中式园林：九华山涵月楼酒店、成都麓湖红石公园、杭州西子湖四季酒店、阳山桃文化博览园，中式园林的变化精彩纷呈，完全可以适应度假业态，让国人重新树立文化自信。

中国文化的现代表达

——九华山涵月楼酒店及度假村景观设计特色

撰文 / 虞金龙

作者介绍

虞金龙 上海北斗星景观设计工程有限公司总裁，北斗星景观设计院院长、首席设计师，上海师范大学兼职教授

上图 度假村的多功能建筑满足了需求，本身也是景点（摄影 储成胜）

图1 天上水中两个琉璃世界

图2 溢彩流光，恍若天宫

图3 墙上的框景好似一幅画（摄影 何清）

图4 春日的涵月楼万木复苏，诗意盎然（摄影 储成胜）

图5 夏日的涵月楼仿佛瑶池仙境，荷花飘香（摄影 储成胜）

图6 秋日的涵月楼秋高气爽，红叶争艳（摄影 储成胜）

图7 冬日的涵月楼银装素裹，离尘绝世（摄影 储成胜）

随着社会与经济的迅猛发展，人们的生活和精神需求发生很大的变化，对于出行目的地的酒店需求不再单纯停留在物质层面，而是产生了对生态、文化和精神的渴求。这就对度假型酒店的景观设计提出了很高的要求。急行军式的观光旅游已经不能适应现代人的需要，高品质的度假型旅游方兴未艾，对度假村的要求也水涨船高。九华山涵月楼酒店及度假村项目横空出世以来，赢得业内外的交口称赞，被誉为具有中国文化兼具现代风格的代表作。

一、概况和文化背景

1. 概况

九华山涵月楼酒店及度假村（以下简称九华山涵月楼）地处安徽省池州市内，距离风景区不足3千米，站在场地内抬头仰望九华山山势尽收眼底，99米高的九华山地藏菩萨露天铜像清晰可见，背靠九华灵山，是吸纳佛光的最佳场所。九华山是中国四大佛教圣地，是国际性佛教道场，却缺少与之相匹配的度假型五星级酒店，形成入而不停的窘境，对于当地的旅游发展较为不利，因此，此项目旨在吸收徽州文化与九华山佛教文化的精髓，让人在上山参拜、游览之余，又能有一个静修、养身的场所。

2. 文化背景

将徽州文化、佛教文化、山水文化、农耕文化和现代人崇尚自然、寄情山水的旅居休闲文化结合在一起，运用现代大景观理念将中国传统造园借景、框景、对景等手法一一展示出来，在每一抬手、一驻足中体会一步一景的游园生活乐趣。在曾经的宋朝汴京有清明上河图，在杭州富阳有富春山居图，在创造一个新的诗意栖居的目的地，是想要再造一个人们心中向往的人与自然和谐的诗情画意的“桃花源”。

二、设计的切入点

1. 文化记忆

在度假酒店项目设计中对当地文化的挖掘至关重要，从人对文化的认识入手来进行设计，往往能打造出打动人心灵的设计作品。而九华山涵月楼的设计起源于人们骨子里对于中国文化的渴慕，对于返璞归真、温润风雅的东方生活美学的向往，对于比比皆是、似是而非的舶来文化的倦怠，而形成属于项目本身独有的文化记忆和文化特色。

设计者理解的徽州园林绝对是生活的园林，起于北宋的建筑与文化影响，根植于徽州的自然山水、生活、村口、水口的乡村景象，那粉墙黛瓦、四水归堂、寄情山水、田原牧歌般的文化与生活，好一幅“一生痴绝处、无梦到徽州”的生活画卷，真是明月清风到涵月，与谁同坐聊乡音。

（1）徽州文化

项目主要以新安建筑为主，并将新安文化融汇至景观设计中。青砖、黛瓦、马头墙是徽州建筑的三大特色。而砖雕、木雕、石雕则是瑰宝上的三颗明珠，自古就有“天工人可代，人工天不如”的美誉，集中体现了徽州人的智慧和工艺。在九华山涵月楼景观设计中运用“三雕”工艺让整体景观在高雅大气中增加了细腻和精致，例如将石雕运用于雕塑和景墙上。九华胜景、小弥勒佛、莲花座等都体现了精美的石雕艺术，同时围墙上的石雕运用也栩栩如生，生动地讲述了起源于徽州的传统故事。将砖雕运用于铺装。尤其是各大入口的地面铺装做了着重处理，组成了五福临门、步步生莲、喜上眉梢等砖雕艺术。将木雕运用于屏风隔断。屏风是设计中反复出现的元素，透而不漏，遮而不挡，与整体景观和建筑风格相一致，透过屏风观赏外围景观，别有意境和趣味。

（2）佛教文化

徽州的佛教元素因九华山而扬名海内外，九华山与山西五台山、浙江普陀山、四川峨眉山并称为中国佛教四大名山，又被称为“莲花佛国”。佛教元素的应用相对需要慎重，因此选用“莲”作为涵月楼中的重要设计元素，除了与“莲花佛国”的称谓相呼应外，莲花也是佛教的四大吉花，风采和气度都让人为之心折。设计上，将莲花图案用做铺地拟为“步步生莲”，用石雕做出莲花盆造景，将莲花形态设计成莲花灯、莲花烛，将一片水域设计成莲池，潜移默化间将莲花与酒店客人的日常生活融会贯通，从一个侧面隐喻博大的佛教文化。根据精心观察和记录九华山的四季变化，参照场地内日出

1

2

3

4

5

6

7

日落，在每栋别墅内设计了特定场所，可进行打坐，收纳佛光。即使是寻常游客，在庭院内就可以尽览九华胜景的奇秀和灵慧。

（3）山水文化

徽州山水拥有其独特的魅力与风韵，形成独具徽州的“水口文化”及“水文化”。从唐模水口、万安水口到徽州西递、宏村古民居入口，每个村落都有水口布局设计。在九华山涵月楼景观设计和营建中，正是引用徽州的“水口文化”，水口亭、水口桥相互呼应，无论是亭边的祥云、桥边的抱鼓石、桥面莲花细节的刻画都增加了“水口宅深”的文化厚度。同时红枫飘逸、松柏笔直、翠竹摇曳，更将这幅画点缀得有声有色。借山水入园很有讲究。园外有景妙在“借”，景外有景在于“时”，借九华山山景入园，与花影、树影、云影、水影形成有形之景，将风声、水声、鸟语、花香借入形式无形之景，奏响交响之曲。

（4）旅居文化

九华山涵月楼酒店项目的设计者希望居住在内的人们体验九华山徽州文化、山水文

图8 佛与荷花，圣洁美好（摄影 马力）

图9 人工溪流是对自然小溪流的写意模仿（摄影 储成胜）

图10 度假村的庭院外景（摄影 赵婷）

图11 各色植物的巧妙搭配使得层次分明且有韵味(摄影 赵婷)

图12 花坛为中国传统纹样，制作精细 （摄影 林小峰）

图13 落红有意，片片生情（摄影 储成胜）

图14 夏日荷塘(摄影 柯政农)

图15 白雪仿佛用一支笔勾勒出古树枝条的遒劲沧桑（摄影 储成胜）

化、佛教文化的同时感受到悠游自在的度假享受，实现现代的顶级旅居体验。在我们以往的旅游生活中，“旅”和“居”往往是分开的，但是在这里我们希望看到“旅居”合一的状态。不是走过路过的随意，而是雁过留痕，让人回忆历久弥新，并期待下次的相见。放松、自在、逍遥，偷得浮生半日闲，沏上一壶好茶，不管是家人相伴，还是约上三两知己，享受这徽州山水和风土人情，以及这澹泊宁静、修身养心的室外桃源。

2. 生态现状

（1）拥有四季变化的树种选择

春季繁花、秋季色叶、夏荫浓绿、冬阳落地，四季变化的植物营造一直是设计中的重点，对于度假酒店而言也尤其重要，只有营造四季不同的效果才能让人在旅居的过程中处处充满惊喜。设计中首先挑选九华山属地乡土植物种类。对九华山地区乡土树种进行归纳和整理，整理了具有参考和运用价值的植物资料表。同时注重树种搭配时的意境营造，达到四季季相分明，常绿落叶交替。并运用了徽州盛产的灵璧石与植物之间进行组景，形成小草从

16

17

18

石缝中探出头，藤蔓缠绕着景石这样生动的自然意境，同时也形成了如雨打芭蕉、云雾清音等以植物为特色营造的景观区域。

（2）活水入园

在九华山涵月楼的后山处，有一自然泉水源头，在设计中利用活水引入，形成了溪流和中心湖泊莲池的自然景观。溪流潺潺，在脚边流淌，溪水清澈见底。泉水不枯，则溪流一直保持着流动的活力。莲池更是整个度假酒店的灵魂所在，平静的水面倒映着远山近景、亭台楼阁，让人忘却世俗，只想静静享受。

三、景观意境的打造与再现

中国园林从古至今，最讲究意境之美，“言有尽而意无穷”为造园真谛，然而现在快节奏的发展，穿梭在水泥森林中的我们往往忘记了品味和体会意境的美好，需要细嚼慢咽、沉心静气。九华山涵月楼就是需要这样的游走和体会，无论是雨打芭蕉、滴水穿石，还是水面映照的浮云落日，都展现了自然的美好，达到“物我两忘”“身处世外”的禅境。

同时呼应景色而来的是唐诗宋词、名词成语、对联书画、古树名木、石桥奇石，这些多成园中造景要素。这里的九重烟云、步步生莲、平步青云、莲池观砚、玉堂富贵、云淡秋空、云雾清音、与谁同坐、禅院云境、画里人家、无上菩提、梅里探春等景点都包含历史故事和文化含义，使游客在休生养性中感悟中国传统文化。造园最高的境界在于情趣、含蓄、用心、顿悟，由此一幅徽州画卷就此展开，历史纵深感扑面而来。叠山、理水、建筑、花草等背后都是中国文化的精气神，古为今用、洋为中用都在涵月楼景观设计中处处体现。

除了为景点命名之外，书画对联也相得益彰。有一处景点命名为“云雾清音”，其园林景观以茶亭为中心。其一，九华山特有的云雾茶香环绕；其二，清音赋予三重含义——泉水清音、斟茶之水有清音、茶盖茶杯碰撞发出清音，以听觉和味觉充分展现出园林景观在游览体验中的情趣。此外在亭中悬挂一副茶联“幽借山头云雾质，香分岩面蕙兰魂”，进一步解释了“云雾清音”的由来。项目的另一处景观名“画里人家”，取自描写徽州的著名诗句“百里山横翠，烟溪夺画魂”的意境，整个场景恰如其分地展现出徽州深山林幽木秀、民居古韵隽永的景象。就好像一幅自然的山水画卷，步步入景，处处堪画，充分展现园林景观的艺术价值。还有一处景点命名为“云淡秋空”，取自于王勃《滕王阁序》中的“落霞与孤鹜齐飞，秋水共长天一色”。木板的尽头是水天一色，游人在此心情悠闲自在，体味场景意境，这也是人们对四时八节、春花秋月的美好体会。

当九华山涵月楼酒店及度假村景观设计与自然环境、人文环境、建筑的整体规划相碰撞，只有懂得相互之间优势互补、且能深刻挖掘地域文化、善于利用基地生态条件，方能相映成辉。景观规划设计整体上做减法，细节处做加法，扬弃式继承，将传统与现代进行嫁接和结合，既营造出适合中国人居住的传统居住环境，又可符合现代人的审美习惯。设计皆民族、传统、包容之美，具国际、现代、个性之质，形成可游、可想、可忆、可思的综合旅游度假酒店，成为真正从心灵出发的设计作品。

图16 涵月楼夜景，一轮亦真亦幻的明月在天上与水中明月相映成趣（摄影 储成胜）

图17 夜晚天上的真实月亮会有时不见，水面的虚拟月亮反而愈发迷人（摄影 储成胜）

图18 与古为新是真谛，因地制宜，因时制宜，看得出右边的水榭灵感来自拙政园的与谁同坐轩（摄影 储成胜）

图19 现代化的酒店需要许多古代建筑没有的功能，这个古典建筑是酒店大堂

图20 这样的现代小品是度假村需要的，但必须控制好尺度（摄影 赵婷）

图21 镜面花岗岩好似明镜，倒映外面庭院的树影，体会到设计师的匠心（摄影 林小峰）

图22 局部的小景观生动宜人（摄影 赵婷）

红砂岩的记忆

——成都麓湖红石公园中“场地记忆”的应用探讨

撰文 / 易兰设计

作者介绍

易兰设计 具有城乡规划甲级资质、建筑工程甲级资质、风景园林甲级资质单位。国内首家上市的以园林设计为主的一线设计品牌

上图 游乐设备与植物结合，与场地地势结合，与红砂岩元素结合

图1 现场的红砂岩给设计师带来创作灵感

图2 红砂岩的块石做主题，突出公园主题

图3 铺装中也有红砂岩的元素

图4 公园位置与平面图

图5 以红砂岩为设计主题的公园最终效果令人耳目一新

图6 座椅座凳继续呼应红砂岩主题

随着一日千里的中国城市化建设速度，“千城一面”现象已是司空见惯：一样的房屋式样、一样的装修风格、一样的商业品牌。与此同时，城市园林规划“千园一面”的现象也屡见不鲜：无论南北东西，相像的设计理念、雷同的园林建筑与小品，相同的园林植物与配置方式。再好的东西也经不起“N次”简单与机械地重复，面对园林设计的“复制粘贴”，有时只好望洋兴叹，何谈效果出彩与文化氤氲，造园的独特性反而在园林大行业大发展时期成了稀缺品。

麓湖红石公园位于麓湖总部经济及创意产业发展片区的中心地带，面积11公顷，是成都天府大道南延线麓湖生态城的一个综合性社区公园。该公园分布于5个居住组团中间的谷地上，原有场地对周边居民没有产生任何吸引力，缺乏宜人的户外环境，居住生活品质得不到提升，缺乏社区归属感。在这里建公园，如何可以独辟蹊径、与众不同？设计团队在踏勘现场时，看到很多大块形态饱满的红砂岩整石，这个被当地人熟视无睹的元素引起他们的注意，如此独特的场地基因如果被保留下来并加以充分利用，便会是公园的时间载体、特有的符号，它的出现将使公园设计融入历史厚重感，将场地记忆以低调的方式委婉表达，将掩藏于内心深处的“归属感”悄悄唤起。该设计获得英国国家景观学会2016景观设计奖。

社区公园作为地产开发的附属产品，力求以低廉的建设成本，提供最为基础的绿地休闲功能。同时在营建生态体系，营建良好环境，提升居民居住生活水平，传承地方传统文化等方面都应发挥重要的作用。公园的整体设计通过“与自然对话”的手法，做到以地为形、以水为源、以人为本，将社区公园的功能性要素同场地历史、地理、民俗相融合。将麓湖红石公园的设计定位为建设一座功能完善的独立型社区公园。主要特色有以下几个。

一、以地为形：因地制宜，延续场地记忆

利用公园的谷地地形，因地制宜，充分协调低洼处公园的使用空间以社区之间的高差关系，并且利用地形创造不同的空间感受；充分利用场地中的红砂岩，使它成为这

个公园最为独特的一张名片。在我国现有的与红砂岩有关的公园中，多以丹霞地貌为主，且为原始地貌的观赏功能，并未有把红砂岩作为一种元素融入公园设计中的。在麓湖红石公园中多处都会看到它的身影——挡墙表面镶嵌的红砂岩石条，带来粗犷的美感；红砂岩与其他石材拼接成地面铺装，细腻而自然；棋语林中方形的红石桌椅是专门为喜爱棋牌文化的成都人准备的，贴心又舒适；不同体量的红砂岩与自然形态的观赏草相结合，点缀在游步道和台阶的两侧，延续了场地记忆。在这里，让红砂岩活起来，使它不仅能看、能用，而且融入公园的方方面面。

7
8
9
10
11

二、以水为源：生态持续，实现雨水利用

整个公园在设计之初就将雨水循环系统考虑进去，将南干渠南侧3个居住用地和公园绿地的雨水收集起来，通过管线汇入净水池，经过净化补充进景观水系中。在满足园区中景观水的应用基础上，用净化过的雨水对公园进行灌溉，水量充沛时还可以对周边5个社区进行灌溉。

图7 以红砂岩为设计主题的设计图

图8 硬质砌体中点缀红砂岩，比满铺花岗岩有个性多了

图9 这样反复重复主题，红砂岩的记忆深入人心

图10 粉黛乱子草与红砂岩简直是绝配

图11 利用高差，把宿根植物配置得非常立体与好看

图12 水景的实景图

图13 水景与植物的互动

图14 水景的效果图

图15 小型的水景作为点睛之笔

图16 以水为源——生态持续，实现雨水利用

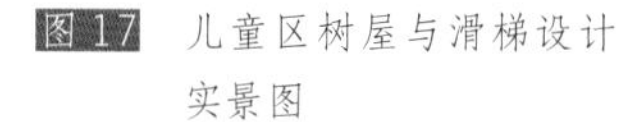

图17 儿童区树屋与滑梯设计实景图

图18 孩子的快乐是对设计的最好回馈

图19 树屋给设计师带来借鉴

图20 儿童区树屋与滑梯设计效果图

图21 儿童区树屋与滑梯深受孩子们喜爱

三、以人为本：关注需求，完善功能体验

在完善使用功能方面，公园打破了传统的社区公园“走走路”、放几个健身器械的方式，而是把不同人群的使用需求融入其中，并且充分考虑到动静空间的分区与衔接，使之更加的合理和有效。优秀的社区公园应包含很多关注点，诸如挖掘场地历史文化、确立社区环境认知、构建务实的游憩服务体系、满足娱乐玩耍及社交集会等多样需求；与此同时，还应关注社区居民健康，配置运动锻炼类设施，甚至可以依托社区公园展开居家养老模式的探索。基于以上分析，力求通过各项设计元素的“微薄之力”激发周边居民的生活热情，覆盖不同年龄段的功能布局，是该项目设计的一大亮点，也是其“征服”每一位来访者的核心“武器”。因为它既要满足全龄化的花园游览需求，也要设有儿童娱乐、成人聚会的场地，还要满足成都特有的棋牌娱乐风俗。所以在公园核心的太阳谷区域便诞生了以满足儿童和青少年活动为主的七彩游乐园，全年龄的阳光草坪、中央烧烤区以及中老年人活动为主的香樟棋语林、石生灵泉。

1. 儿童活动区

首先提出了“生态型儿童游乐区”的想法。设计使游乐设备与植物结合，与场地地势结合，与红砂岩元素结合。儿童乐园分为了4个区域，平地上北侧是为0～6岁儿童设计的儿童游戏区，设置了沙坑、蹦床、秋千等功能，一座3米高的红色木质鹿形滑梯，成为公园中的标志。西侧的坡地上利用高差地势设计成了以4～12岁儿童为主的儿童拓展区。在这里设计了一个可以穿过大树的滑梯，让小朋友在滑下去的时候也看得到树影婆娑，其中一

17

18

19

20

21

图22 给家人创造活动空间是社区公园的目标之一

图23 公园不能仅仅成为老年人休息静坐的场所，有了年轻人才更有活力

图24 阳光草坪为社区居民提供了大规模活动的场所，满足了商业演出、集会、足球场等功能

图25 整个儿童活动场地的东南角是预留的休闲区，保证孩子们玩耍的同时，家长可以有充足的休憩场地

个滑梯筒刚好从大树的枝丫间穿过，让设计与自然形成最好的对话，增加了活动趣味，满足了孩子的树屋童话梦。拓展区也有各种不同的攀爬网、攀爬圈等游戏，为孩子提供不同的体能锻炼空间。南侧的坡地上设计了小的健身休闲区，场地西侧有2米的挡墙，利用挡墙地势安装了墙面的健身器械，让健身也变得与众不同。整个儿童活动场地的东南角是预留的休闲区，保证孩子们玩耍的同时，家长可以有充足的休憩场地。

2. 青年活动区

阳光草坪为社区居民提供了大规模活动的场所，满足了商业演出、集会、足球场等功能。草坪一侧的张拉膜是一个大的三角形烧烤台，可以同时满足20人以上的聚餐。并且在张拉膜周边设计了一些小场地，作为膜结构餐饮场地的补充，在上面布置烧烤台、洗菜池、电源和桌椅，方便年轻人聚餐聚会使用。

3. 老年休闲区

阳光谷的东北侧是棋语林。场地中原有一些香樟树，在进行补植后加大了香樟林的规模。香樟林下是舒适宁静的小路，在小路的周边布置了很多小场地，场地边穿插一些矮墙形成场地的归属感，方形的桌椅是专门为喜爱棋牌文化的成都人准备的。斑驳的阳光透过树梢洒下来，把这个区域变得流光溢彩。一侧是宁静的居住区，一侧是公园开敞的草坪，可以看见坡地上玩耍的孩童，有着宽阔的视野。

成都麓湖红石公园自推出以来，其创新的独特性在业界引起较大反响。居民在这里步行游憩、娱乐玩耍、健身锻炼、社交集会，享受美好的户外空间，这里也成了社区居民健康生活方式的催化剂。

关于中国园林传承与创新的一次探索
——杭州西子湖四季酒店庭院景观营造

撰文／陈胜洪

作者介绍

陈胜洪 人文园林有限公司董事长

上图 为体现“四季”酒店，保证酒店入口一年四季有较完整的景观效果，选择的大树应为常绿品种

传承中国优秀园林传统并有所创新是摆在中国风景园林工作者面前的重要任务，也是崇高的使命！杭州西子湖四季酒店庭院景观营造是我们努力尝试的案例，是一次有益的探索。

一、在设计理念方面：传统与现代对话、人文与自然交融

杭州西子湖四季酒店是由绿城集团投资建造的一家超五星级酒店。酒店位于西湖风景名胜区的核心区域，与曲院风荷公园隔路相望，新拓建的西湖水域萦绕在酒店南侧，使酒店水体与曲院风荷水面相连，环境条件十分优越。正因为如此，酒店的建筑布局、风格、层次要求十分严格，必须和西湖风景区的整体风貌相协调。因此，酒店的布局采用的是中国江南传统庭院的格局和江南传统建筑的形式，层高限制在1~2层，形成大小不同的庭院空间，使旅游者得以在旅居生活中享受到中国江南园林的人文美与自然美。优美、典雅、清幽、宁静，使旅游者的心灵得到园林美景的陶冶。

当然，当代人的生活追求必然有其自身的特点，审美的情趣尽管多种多样，但传统与现代、人文与自然的融合应该是现代园林所追求的基本原则。现代酒店有很多特殊的功能需求，不仅要在内部设施上符合高品质生活需求，还要在庭院环境处理上探索如何把传统与创新恰如其分地融合，在意境上创造具有中国文化的深邃内涵，具有东方审美的特殊魅力，并使从世界各地来杭州的旅游者沐浴在东方园林的新审美情趣中。因此，庭院的创作手法也不能一味地模仿古典园林，更要反映时代的特色，赋予新的内涵，这既是要点，也是难点所在。

二、在空间结构方面：分区分类，相互穿插

杭州西子湖四季酒店的庭院空间变化多，大的庭院空间位于酒店的南侧，大多和西湖的西部水域在空间上形成借景的格局。内部客房所组成的居住庭院，有的成独立庭院，有的和大空间或隐或现中取得联系，形成庭院深深的效果。

以大的庭院空间而论，可分成3个景区空间：大堂室外无边游泳池景观区、婚庆礼仪草坪景观区、假山和湖面景观区。

图1 酒店大堂以南的室外游泳池

图2 酒店大堂以南的室外游泳池

图3 酒店大堂以南，以室外游泳池为中心，把西湖西部湖区的水景借入庭院

图4 从西湖岸边回望泳池深处的大堂建筑

图5 酒店大堂以南的室外游泳池

1. 室外无边游泳池景观区

酒店大堂以南，以室外无边泳池为中心，并把西湖西部湖区的水景借入庭院，形成院内外相流通的大空间。无边泳池和一般的室外泳池最大的区别是池壁以多层的叠水处理手法，打破了呆板的格局，无边泳池本身就成了动态的水景，即使不是在游泳季节，也能和周围的景观相得益彰。而池内的游泳者，一方面可以欣赏四周景色，另一方面本人又成了风景中的点缀。泳池和四周的静态水池形成动静结合、动中取静的效果。在清澈的池水中倒映着周围的红花绿树。人、水、花、树、建筑，组成一幅人与自然相融相亲的生动画面。

6

7

8

9

2. 婚庆礼仪草坪景观区

泳池东侧由多重草坪空间所组成。室外是由大小不同的草坪和不同的植物群落组成宁静清新、色彩丰富、层次多重的空间。曲折的道路、柔和的林缘线以及宜人的尺度，特别适合婚礼婚庆所需要的浪漫而清新的氛围。在这个景区特别布置了丰富而多变的花境，随着季节的变化，形成不同的季相，而疏林草地与造型独特的孤赏山石，彰显了景观的灵活性和丰富性。

3. 假山和湖面景观区

酒店的东部是酒店的宴会厅和餐饮区，它以一座英石大假山和大水池所组成的山水空间，和西部的两个空间形成强烈的对比，假山的飞瀑和宁静的池水形成动和静的变化。假山叠石形成峻峭挺拔的峰峦以及幽深的山壑，其艺术手法和整体的艺术效果都有着强烈的震撼力。水池的北、东、南三面由体量和高度不同的建筑围合，它们和假山所构成的空间，显得收放有度、开合适宜。假山东南侧的两块小草坪，恰到好处地点出了自然山体坡脚的效果。

3个大的庭院空间反映了不同的艺术效果，它们之间通过道路和游廊相连，有分有合，组成一个和谐的整体。在景区的北侧，是连接酒店东西院落的长廊。建筑长廊既满足酒店接待功能的需要，也让旅客感受到优美的环境所带来的愉悦。在长廊上行走，可以真正达到步移景异的效果。不断变幻的空间，使人们摆脱了在一般宾馆中所感受到的束缚和压抑。

除了大庭院之外，一些小庭院也布置得各具特色，有的简约大气，有的精致细腻，把现代和传统的手法恰到好处地反映出来。

三、在营造法式方面：师法自然、雕琢无痕

为达到传统与现代、人文和自然的结合以及高级宾馆的一些高品质要求，在酒店的施工中，在植物造景、叠山理水、铺地小品、生态保护、历史文化保护等多个方面，不断地探索，细致入微地表达。在水景小品、景石驳岸、室外木作、景墙陈设等各种配置的营造上，都做到精细而不繁杂，和大环境有机地统一起来。每个工程细节都经过钻研推敲、不断探索，以达到传统庭院的现代化、现代生活中传统文化熏陶的潜移默化。

1.背景空间：与西湖一脉相连，独具特色

酒店景观与西湖大环境融合，使其极具自身特色又不显得突兀。整个施工区域位于西湖风景区内，本着保护西湖、美化西湖的宗旨，在施工时注意对周边环境的保护。同时使该项目融于西湖的大环境内，并通过无边泳池的跌水与西湖水域一脉相连。与外部环境交接面的施工方案曾请教众多园林界的专家，植物配置上选择了水杉、垂柳等西湖边特色植物，做到了软景、硬景与周边的自然结合。

2. 生态保护：尊重原场地，在原有基础上优化、美化、升华

本区域的原生植物生态系统良好，自然植被茂盛，给酒店的景观营造打下了极好的基础。在尊重原地形地貌、植被和水域生态系统的前提下，运用生态学理论，通过植物配置和叠山理水等手法，将原来的山野风光改造为适宜人居人游，满足现代人多种功能和审美需求的江南庭院，并提升和优化原生态系统，达到人与自然和谐相处的最佳境界。保留区原地块为苗圃位置，保留了大量的桂花、红枫、垂柳等精品苗木。

图6 英国自然式园林风格的休憩场所，提供婚庆所需的空间、色彩和功能

图7 3个大庭院空间通过道路和游廊相连

图8 在长廊上行走，可以真正达到步移景异的效果

图9 水池的北、东、南三面由体量和高度不同的建筑围合

图10 保留区由多组花境组合完成其空间的布置

图11 根据现场原生树定位设置入口人行道

图12 保留了原生态的部分物种（桂花、柳树等），多种水生植物和湿生植物配置，营造良好水体生态系统

图13 景观长廊区，保留了原生态的部分植物，勾勒出缓和而美妙的视觉轮廓

图14 尊重场地历史，对保留区佛像区域进行了完整的保留，并重新对佛像进行了修缮

图15 花境和草坪与传统建筑长廊和谐相融

图16 泳池区域的植物造景以梅花为主题，泳池池壁以多层的叠水处理

3. 保护历史文化：保留了原有的佛像和石狮，延长历史，丰富文化

保留了原有的佛像和石狮，延长了酒店园林的历史，丰富了景观的文化。保存并修缮好原有场地有价值的历史遗迹，能够延长新建园林的历史。斑驳的佛像和石狮虽然与富丽崭新的酒店风格迥异，但更能体现出本区域的久远历史和文化渊源，更能说明这座园林历尽沧桑而又焕然一新，符合传承与创新的主题。

4. 植物造景：植物配置手法传统而不失现代，中西和谐融合

景观营造使用的苗木品种达300多种，充分体现了植物的多样性，并运用多种植物造景手法，古今搭配，中西结合。我们就选择梅花还是桃花作为园林的主题植物进行了分析和讨论。从植物的形态、花色、花期、生长寿命以及寓意上进行了全面的比较。梅花象征坚韧不拔、奋勇当先的精神品质以及迎雪吐艳、凌寒飘香的坚贞气节，能表现出中国传统文化的精髓。而桃花相对而言比较媚俗，寿命也较短。因此最终选择以梅花作为主题。这也是造园艺术中“立意”的过程。

在不同的空间内，对配置植物的大小规格、形态姿态、叶色花色、高低层次都进行了细致的考虑安排，使景观的多样性建立在植物多样性的基础上。如大堂东侧的半亭小庭院，主要用了一株黑松，一株红花檵木，它们造型优美奇特，简洁而引人入胜；在无边泳池景区中视线交点处，用花台的方式，配置了两株造型独特的盆景树，具有强烈的视觉冲击力。无边泳池南侧留出虚空的视觉通廊，使园景和西湖的大水体连成一体，而东西两侧则配置色彩丰富而相对较茂密的树丛，形成植物组成的框景。

在花境的运用上，以不同色彩、不同花期和不同高度所形成的植物组合，大大丰

富了植物的色彩变化。同时植物配置的层次感突出，大、中、小乔木的高低搭配合理，形成疏林草地的英式园林风格。例如婚庆广场的3个大小空间分别以红玉兰、白玉兰、黄玉兰为主题，每到花期，白色如雪、红色如霞、黄色如金，各具特色。而小庭院的植物配置则采用松、竹、梅等传统植物配置手法。柱形、球形、单杆、丛杆等形态的植物搭配层次饱满。色叶花叶植物品种丰富，颜色搭配合理，视觉冲击力强。充分利用杭州地区四季分明的优势，在不同区域用园林植物打造出各具特色的季相变化。

5. 铺地：严格精选，手法多样，精装勾缝，图案清晰，严密有序

地面铺装采用江南园林传统铺地手法与现代广场相结合的方式，并运用多种铺装手法。道路铺装上，各种不同的石材都经过严格的精选，道路拼装纹式、材料的选用都和环境的要求相吻合，自然而雅致，新颖而具有现代感。主入口广场为主的地面铺装中运用了室内精装修的工艺来进行勾缝施工，用美纹纸保护勾缝。完成后铺装面污染小，勾缝宽窄、深浅统一，线条整齐划一，整体感强。为和传统建筑相协调，庭院中鹅卵石的铺装面较大，它和室内高档的大理石地坪形成强烈的对比，但却能反映出传统庭院的雅致。卵石的挑选十分严格，卵石铺装石子大小均匀，铺设时一丝不苟，形成图案规则清晰、排列严密有序、色泽鲜明亮丽、尺度舒适宜人的效果。

图17 主入口广场的地面铺装

图18 两室之间的廊道，前有水池小广场，后有内庭。小广场中心为卵石堆砌的现代喷火水池，外有铺成传统回纹图案的铺地，既有传承，又有创新

图19 卵石的挑选十分严格

6. 生态理水：营造良好的水体生态系统

酒店位于西湖西进区域，保护并疏导完善原有水网交错的湿地系统成为本园林的一大亮点。多种水生植物和湿生植物配置，营造良好的水生植物生态系统和湿地植物生态系统。大区域水域还引入丰富的鱼类资源，形成完整的水体生物生态系统，与溪流纵横的湿地网络共同构成园林的绿肾。

7. 假山叠石：山势蜿蜒，自然流畅

大湖面区域为叠石理水的重要之地，造园艺术中强调“山贵有脉，水贵有源”，在营造时依托原有保留的假山和瀑布，在山体周边的湖岸依然沿用原有假山所使用的英石进行叠石处理，保持山体的完整性。同时在山体北侧营造三级叠水的溪流作为这个大湖的源头。让人感觉水仿佛是从山体内潺潺流出。叠石中注重整体的地势走向，做到了层次起伏、曲折环抱、疏密有致、虚实得当。假山石之间的勾缝色泽与天然石材相近，点到即止，不拘泥拖沓。同时，与植物的交接自然柔和。

大量造型独特、纹理丰富的湖石，为中国传统园林艺术的传承提供了物质上的保障。众所周知，太湖石，尤其是优质的太湖石资源日益减少，弥足珍贵。施工人员到全国各地采购，终于收集到大量的优质湖石。在湖石的运用中，根据瘦、皱、漏、透的原则，对湖石加以遴选和甄别，根据湖石的特色分别用于驳岸、假山、园路、孤石等，犹如为园林环境镶嵌了一条璀璨的珍珠链。

图20 在山体北侧营造的三级叠水的溪流

图21 英石大假山和大水池所组成的山水空间

8. 园林内庭：各具风格的江南庭院

中式建筑中的内庭给酒店提供了展示大量风格迥异的园林小品的空间，有临水倚竹的内庭，有春花烂漫的内庭，有立体植物配置的下沉内庭，有现代喷火水池的内庭，使得以江南庭院为风格的酒店客房，成为旅客宾至如归、流连忘返的最佳休憩地。在很多的内庭里运用了传统园林文化与现代娱乐功能相结合的方法。其中有一个内庭，将颇具古风的铜钱造型石板、石钵与高雅的竹子搭配在一起，颇有新意。隐喻君子高风亮节的竹子是精神的象征，而铜钱是物质的代表，这个庭院表达了物质与精神相结合的现代理念。

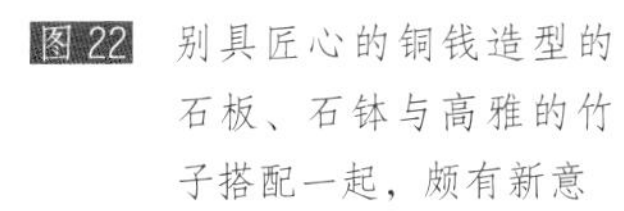

图22 别具匠心的铜钱造型的石板、石钵与高雅的竹子搭配一起，颇有新意

图23 下沉庭院内的立体植物配置和水景

图24 江南私家园林风格的内庭，拥有现代观赏功能的喷火水池

图25 样板区域俯视，主体明显，虚实有度，体现了景观的完整性

图26 草坡和植物直接入水的驳岸

图27 池中下沉通道，墙壁根处采用鹅卵石排水系统，给游客营造出一种仿佛在水中行走的乐趣

图28 临水平台则采用石栏直线型驳岸

9. 驳岸：曲直变幻、软硬结合的驳岸，丰富了湖岸线的变化

曲直变幻、软硬结合的驳岸，打破了从全部硬质规则式驳岸到全部软质自然式驳岸一边倒的习惯做法。湖岸与溪岸多采用湖石和水生植物组合配置的手法，临水平台则采用石栏直线型驳岸，此外有些岸线比较平直，直线型硬质驳岸营造不出太好的景观效果，而且全部采用叠石驳岸会使整个湖面过于呆板，缺少变化和趣味性。因此在施工中增加了草坡和植物直接入水的驳岸，与硬质贴面驳岸、叠石驳岸互相穿插，增加了湖岸线的变化，丰富了整个区域的景观效果。还有一处池中下沉通道，墙壁根处采用鹅卵石排水系统，给游客营造出一种仿佛在水中行走的乐趣。

10. 框景窗景：多种借景手法，达到建筑与植物景观相互渗透的艺术效果

酒店建筑为新中式建筑，楼层通常为一至二层，建筑大量采用了传统建筑漏窗的形式，能够充分地将外部景观通过漏窗引入室内，达到传统园林的透景、借景效果。

杭州西子湖四季酒店庭院景观营造，在继承中更注重发展与创新，是中国园林传承与创新的一次成功探索。

图29 客房出口平台处形成框景，让人心神安逸，仿佛置身于画境中

图30 传统建筑漏窗使远处的建筑植物构成美丽的窗景

图31 从内向外看，观赏孤石与造型优美的黑松、羽毛枫构成美丽的框景

多位一体　以“桃文化”建园

——中国阳山桃文化博览园

撰文 / 陈胜洪 陈静

作者介绍

陈胜洪　人文园林有限公司董事长

陈　静　《人文园林》杂志执行主编

中国“桃文化”博大精深，绚丽多彩。桃树，原产于中国，后经“丝绸之路”引种到全球各地。桃树广植于中国大江南北，国人对它情有独钟，在民间节庆、宗教礼仪、文化、医药方面都深深嵌下了它的印记，由此在我国古代历史发展中形成了独具特色的“桃文化”。

阳山水蜜桃，种植历史悠久。因得天独厚的自然气候和火山地质条件，阳山水蜜桃果大色美、皮薄肉厚、汁多味甜，有美容润肺功能，因此著名于世。以阳山桃花节为代表的桃博园管理体系，被列入无锡市第三批非物质文化遗产民俗类名单之中。

中国阳山桃文化博览园位于中国无锡市阳山镇，规划面积5.39平方千米。原场地以自然郊野和农田为主。由于过去的十几年里农村工业经济的快速发展，自然植被破坏严重，河流水塘堵塞污染，各类垃圾乱弃，已经打破原来近千年的农业生态系统平衡。作为非物质文化遗产的乡村景观，桃博园急需从生态环境恢复、农村经济发展、桃文化保护与传承三方面进行综合建设与管理。

一、项目建设与管理体系

桃博园的建设与管理体系是按照风景园林三元论——背景元（资源环境生态保护）、形态元（空间形态营造养护）、活动元（文化感受行为活动）进行设立。

1. 资源环境生态保护

对无锡阳山桃博园所在地进行资源环境分析，结果表明其特有的亿年火山资源、佛教禅宗文化、儒家书院文化及悠久的水密桃文化，资源丰富但保护现状面临严峻挑战。桃博园项目是在深入开展本区域动植物群落研究以及全面保护原自然林地、田地和湿地

上图　桃花岛水域景观

图1　阳山水蜜桃，是无锡农产品的一大品牌

的基础上，运用基质、斑块、廊道等景观生态学理论，开展生态恢复和植物景观营造，形成桃文化展示和保护的一个生态基地。在单个项目的设计和建设过程中，遵循场地现有肌理，实行减量化设计和最小化人工干预，将项目建设对环境的影响降至最低。

2. 空间形态营造养护

桃博园按照文化—景观—活动进行整体布局，共分为桃文化展示区、桃园农家体验区、桃花岛观赏区等3个功能区。其中以桃文化为主题，建设了桃文化博物馆、桃花岛等项目；为了全面展现地质运动对人类文明和地壳景观的影响，展示阳山禅宗文化与书院文化源远流长的历史，建设火山地质公园、朝阳禅寺、安阳书院等项目；为了展示现代、高效、生态、特色农业发展成果，形成实体产业和生态农业旅游的互动发展，实现可持续生产，建设了农家生态园、绿色农产品交易园、桃源山庄等项目。

3. 文化感受行为活动

1997年无锡市阳山镇举办首届阳山桃花节，以后每年举办一届。2010年，第十四届阳山（国际）桃花节举办了以“大美阳山、幸福桃源”为主题的大型广场文艺演出、桃文化博览馆落成开馆仪式、“阳山之春”系列商贸活动、“桃乡之乐”系列民俗表演、“龙腾桃花源”舞龙表演赛、“农家乐”群众民俗展演、“情系桃农”三下乡服务活动、“许愿桃林”婚纱摄影活动、“山水桃乡”书画展、“梦里阳山”征文绘画摄影征集活动等。以这些活动为载体，让人们认识、感受当地深厚的桃文化。

二、项目营造

风景园林是集科技、工程、艺术三位一体的学科，作为应用型学科，相较于“科技”和“艺术”，工程具有统领主导作用。风景园林的艺术创作和技术工艺都需通过营造过程来实现。

1. 桃文化博览馆：文化、科技、景观三位一体

桃博馆通过展陈设计，将所有桃文化元素连成序列，与自然空间交汇融合，把散落民间、即将消失的文化，通过科技的手段，以景观的形式展现，使游客穿梭在历史与现实之间，在景观和文化两个层面上同时欣赏。“桃文化博览馆”是桃民俗文化遗产主要的保护载体，6000平方米的桃博馆，通过楹联、匾额、雕塑、图片、实物展示和多媒体演示等多种手段，形象而趣味性地表现了“桃在中华的起源”“桃与民俗”“关于桃的各种成语故事”等桃文化。

2. 桃花岛：艺术、生态、景观三位一体

桃花岛景观公园位于长腰山南麓，是桃博园的核心项目。总占地面积约23万平方米，其中水面约4.2万平方米，总绿化面积约7.9万平方米。公园景观设计以桃花景观为主题，将阳山桃文化融入其中，种植了300多

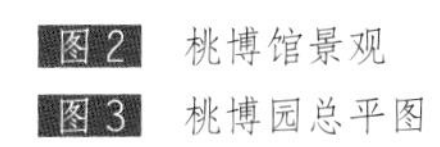
图2 桃博馆景观
图3 桃博园总平图

个桃花品种，共上千株桃树，成为桃花岛最大的亮点。桃树自古就是滨水效果极好的植物，桃花岛充分利用原有场地丰富的水系，营造生态与景观相融合的开放空间，建立了多种类型的滨水观景点，既体现了江南园林的意境美，又融合了英国自然式园林的造园理念。

桃花岛运用中国古典园林“一池三山”模式，在空间布局上借鉴西湖的小瀛洲，利用天然湖岛优势，将两个大岛屿和3个小岛利用路桥相连，亭台点缀其间。公园内部被岛桥自然分隔成4个湖，营造出了“湖中有岛、岛中有湖”的独特景观。

岛内建立了水循环系统和水生态系统，以保持水质良好。绿岛以缓坡地形为主，采取疏林草地和江南园林风格的植物配置手法相结合，在充分尊重原生缓坡台地的前提下，依顺缓坡、台地造景，强调树木花影疏密、有层次，使得空间大开大合，营造出“缓坡、疏林、草地、湖水”的天然缓坡园林。

在植物配置方面，体现了“桃花怒放，四季有景”的设计理念。作为一个旅游度假村的公共绿地项目，每天面对的不仅仅是相同的受众群体，还有来自不同地方的游客。本着“以人为本”的理念，本项目分别以“春、夏、秋、冬”四季不同景观效果和不同园林营造手法为主题实施了绿化营造工程。

为了突出桃文化主题，更好地营造出舒适、宁静、优美的休息、游憩环境，树种选择和植物配置主要有以下一些特点。

（1）栽植了多达150个的桃花品种，体现桃乡特色。

（2）考虑绿化功能的需要，以树木花草为主，提高绿化覆盖率，以期起到良好的生态环境效益。

（3）考虑四季景观及早日普遍绿化的效果，采用常绿树与落叶树、乔木和灌木、速生树与慢长树、重点与一般相结合，不同树形、色彩变化的树种的配置。种植花卉、草皮，使乔、灌、花、篱、草相映于景，丰富美化公园环境。

（4）树木花草种植形式多种多样，除道路两侧需要成行栽植树冠宽阔、遮阴效果好的树木外，多采用丛植、群植手法，关键节点使用孤植的手法，以打破公园周边行道树成行成列的单调和呆板感，以植物布置的多种形式，丰富空间的变化，并结合道路的走向、地形的走势等形成对景、框景、借景等，创造良好的景观效果。选择生长健壮、管理粗放、少病虫害、有地方特色的优良树种，并达到处处有景、步移景异、景观错落有致，带有空间的立体感和韵律感的效果。

图4 桃花岛鸟瞰图

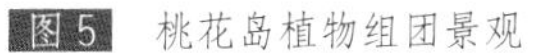

图5 桃花岛植物组团景观

图6 桃花岛植物组团与草坪空间

图7 植物配置与园路的关系

图8 植物节点组团配置

图9 桃花岛植物组景与驳岸处理

3. 火山地质公园：自然、展示、人类三位一体

阳山地质公园内有距今1.4亿年的侏罗纪中期地壳运动中形成的古火山——大阳山，至今火山锥形保存基本完好。大阳山山顶有低洼的火山喷发口、熔岩流动沟痕。喷发口周围火山岩断峰突兀、沟痕满山，山顶植被少而岩石多，越到山脚，植被越茂盛。地质公园的设计理念是将自然的演变展示给人类。山顶保持自然演替原貌，与山脚下农田相交处建设有生态廊道，将山林生态系统与农田生态系统联系起来，为物种迁徙和分布提供路径，保护了生物多样性，延续了山林斑块。

火山地质博物馆整个陈列面积约600平方米，以火山地质知识为核心素材，全面阐述火山的形成、种类、分布、类型，火山与人类的关系以及阳山火山的形成与演变。博物馆是肩负着青少年学生校外辅导、火山地质知识普及的教育基地。

图10　火山地质博物馆广场空间

图11　火山地质博物馆山水相映，景观优美

图12　火山地质博物馆植物景观

10

11

12

4. 农家生态园：生产、生活、生态三位一体

农家生态园以产业带动，保护性开发，因地制宜整合原有山林、桃园、茶场、竹海、池塘、苗圃、乡村民居等要素。园内乡村农家韵味浓郁，一派田园风光，集吃（水蜜桃）、住（农家院）、赏（桃花）、游（园林）于一体，实现生产、生活、生态三位一体的建设理念和经营模式。

三、项目管理与经营

文化景观是世界文化遗产中的重要组成部分，非物质文化遗产的产业化经营之路是一种必然趋势。在项目建设之前就考虑了设立文化景观管理系统。

桃博园从最初设想，到景观建设，到管理经营，都贯彻风景园林三元论的思维，在实践中不断完善和丰富，能用新的理论思维体系来探索文化景观保护和非物质文化遗产传承等功能需求，进行空间布局设计和植物景观营造，形成有机联系的经营管理体系。它结合了中国传统思想，延续了“天、地、人”三元论的模式，希望能对中国传统农耕文化景观的保护、美丽乡村建设和农村经济发展提供新的思路和借鉴案例，丰富风景园林学科理论和实践。2014年，中国阳山桃文化博览园（无锡阳山桃博园桃花岛）荣获IFLA第十一届亚太区风景园林奖管理类优秀奖。

图13 太阳山下的农家乐园

图14 远山近桥相对，红枫斜倚，夕阳相伴，意趣盎然

花园的故事

有人说，花园是世界上最大的奢侈品。

本部分介绍来自英国与法国的私家花园，这些各具特色、美得让人窒息的花园都有一个特点：有一个美丽的女主人，哪怕她们已经年逾古稀，甚至已经不在人世，她们的美却可以穿越时空，附着在她们细心打理的花草树木上，美得不可方物。

已经无法分辨，也不用去分辨，是主人给了花园以生命，还是花园给了主人以魅力，园与人，须臾不可分离。

面向大海的悬崖花园与剧院

撰文／林小峰

上图 悬崖剧院岩石花园局部（摄影 虞金龙）

图 1 悬崖剧院岩石舞台背景（摄影 虞金龙）

图 2 故事女主角凯德的故居依然保持完好，只是人去楼空，令人唏嘘

第一次听到，是惊艳。观看莎拉布莱曼的一个演出视频，是在海边的一个扇形露天古典剧院，这位“月亮女神”深情演唱《斯卡布罗集市》，款款深情惊为天人，天籁之音绕梁三日，那海天一色的美景如诗如画。暗自揣摩，这是在哪个古希腊还是古罗马的古迹啊？

再一次看到，是惊叹。在微信朋友圈被“米纳克悬崖剧院”的信息惊呆了。这处古风悠长的“遗迹”竟是现代人做的，居然还是一位弱女子以柔弱肩膀一块块垒起来的，如此浩大工程凭一己之力完成太难以置信了！

这一次探访，是惊喜。在英国专业之行中安排了去膜拜这个视频和传说中的悬崖花园与剧院，使我终于有机会去亲眼目睹这个不可思议的人工奇迹。

去了才知道，这里的地理位置简直就是英国的“天涯海角”——位于英国的最西南

角一个名叫波斯科诺的渔村小镇，离最近的稍微大一点的镇要3个小时车程。即使这样偏远，也挡不住来自全世界的专门来访者。她的魅力主要来自以下几个因素。

一、故事唯美凄婉

故事的女主角名字叫罗威娜·凯德。凯德出生于1893年，第一次世界大战后才来到英郡康沃尔，她和母亲看中了康沃尔最西南的这块悬崖边的土地，就以100英镑的价格买下（游客到了才知道，这里地势偏远，所以才可能这么便宜），建造了自己居住的屋子。本来接下来是个安居乐业的家庭剧本，没有想到女主角反串成了中国河南王屋山“愚公移山”中的男主角，她还付出了一生来演绎这个苦情剧与励志剧。

故事发生也是有偶然因素的。1929年，凯德在小渔村的草地上观赏了当地的演员们排演的莎翁戏剧《仲夏夜之梦》，当她得知剧团计划第二年表演莎翁的另一部作品《暴风雨》后，这个小小的讯息激发了凯德心中的一个大计划。

故事发生应该有必然因素。凯德一直热爱戏剧，即使这个时候她已经接近40岁了，却丝毫没有减弱她文艺女青年的追求。加上她的房子后面景观得天独厚——大海、悬崖以及远处的海岸线是独一无二的天然布景，她主动邀请了剧团和观众们明年都来自家后院看演出，这也得到了剧团的首肯。凯德立刻把自己家和天然海滩上一切可利用材料都派上用场，一点点修葺了台阶和部分舞台。经过一个冬季的努力，第二年夏天，剧团带着《暴风雨》如期而至——当月光照亮舞台时，人们被米纳克剧场独一无二的场景征服了，演出获得意想不到的成功。

从此，凯德一发不可收，她瘦小的身躯迸发出惊天动地的能量——她变成正宗泥瓦匠，亲力亲为把自己家后院的悬崖峭壁一点点挖掘、搬运、雕刻成剧场的样子。因为英国西南角的天气恶劣，她只能每年合适的季节工作，希望夏季（6~9月）有人来表演，其余时间不停地扩建改造，直至剧院成型。她亲手雕刻的座位、座位号码和扶手堪称艺术品。

一个小女子，整整半个世纪，艰难困苦，锲而不舍，大西洋狂风肆虐在她如玉般洁白的面容上刻下了累累痕迹，原来的飘逸裙装变成了粗布工装。没有人强迫，没有利益追求，她就是这样义无反顾地将余生都奉献给了这座悬崖边上的露天剧院，直到1983年她去世，享年89岁。在纪念馆中看到一张照片，她自在地躺在她平常干活的小推车里读书，白发苍苍的样子难以让人想起她年轻时的美丽容颜，但是，那份安宁愉悦的美夺人心魄、震撼人心。正因为有了她的故事，才使得这个景点更具人文魅力。

图3　年轻时候的凯德气质高雅脱俗（资料照片）

图4　凯德年老时，喜欢坐在独轮车里面读书，画面太美了（资料照片）

图5　悬崖剧院当年刚刚开始演出的剧照（资料照片）

图6　悬崖剧院岩石看台，如今剧院已有750多个座位

3

4

5

6

二、剧院的独特体验

米纳克剧院高踞悬崖之巅，面对碧海蓝天，俯瞰崎岖不平的狭长南部海岸，仿佛位于世界的尽头。米纳克一词Minack取自英郡康沃尔的本地语言，意思是“石头的、岩石的”意思。在凯德的艰辛打造下，米纳克剧院已全年对外开放。如今剧院已有750多个座位，5月中旬至9月中旬是表演周，在花岗岩座位上，人们可以找到《威尼斯商人》《麦克白》《仲夏夜之梦》等熟悉的剧名，以及这些名剧首次在米纳克上演的时间。而舞台区相对比较简单，几个拱门界定了一下，因为舞台背景太奢侈了：近处海水蓝绿相交，清澈见底；远处山体逶迤，有一处特别像一个少女的头像，不如想象这是凯德在陪大家一起看戏好了。

事实上，在海边悬崖上表演，对演员来说是一项功力上的挑战，他们不得不放大音量，施展浑身的表演才华，才能使演出紧紧吸引住观众。然而能在英格兰的天涯海角，伴着海浪、海风，在这样一座举世无双的剧场绝美的奇景下看一出莎翁戏剧，对观众、对演员都是刻骨铭心、终身难忘的艺术享受。

图7 远处的礁石也像一位少女头像，想象就是凯德还在守护剧院

图8 在花岗岩座位上，人们可以找到《威尼斯商人》《麦克白》《仲夏夜之梦》等熟悉的剧名，以及这些名剧首次在米纳克上演的时间

图9 看台的石头是凯特一己之力所做，叹为观止

三、花园的奇特精致

如果此处只有石头的剧院，免不了过于硬质冰冷，现场不仅有悬崖歌剧院，还有一个悬崖花园。这里建造花园难度极大，由于地处风口，一般美丽娇嫩的花木根本无法忍受狂风、高温、干旱、酷晒、严寒以及瘠薄土壤轮番进攻，理论上除了荒草什么也长不了。但是，建造者别具匠心，因地制宜，适地适树，独辟蹊径地开拓出多肉专类园——各类来自仙人掌科、番杏科、大戟科、景天科、芦荟科，还有许多说不上名字的奇特多肉植物，遵循“三五成群、色彩各异，或聚或散、或偏或离，高低错落、疏密有致”的布景原则，把一个多肉园子布置得卓尔不群，别具一格。这些多肉植物在这么恶劣的环境下，不知道是否因经常听音乐的缘故，即使长在石头缝中也滋润鲜活，即使植株非常矮小，也可以在阳光下华丽绽放，充满了生命的张力，让人不禁缅怀起凯德。好在就在花园附近，凯德的故居保存完好，可以弥补思念的幽情。

大海边，
一座奇特的剧院，
比布景更出色；
花园内，
一位传奇的女子，
比花朵更美丽；
人世间，
一段唯美的故事，
比戏剧更精彩！

图10 悬崖剧院岩石花园多肉植物（摄影 虞金龙）

图11 悬崖剧院岩石花园全景（摄影 虞金龙）

图12 岩石花园多肉植物（摄影 虞金龙）

图13 岩石花园多肉植物（摄影 虞金龙）

图14 岩石花园的内部

图15 岩石花园多肉植物

图16 紫草科蓝蓟属野蓝蓟形态奇特

图17 岩石花园入口景色（摄影 虞金龙）

图18 岩石花园山顶鸟瞰远处海天景色（摄影 虞金龙）

图19 岩石花园与管理房（摄影 虞金龙）

图20 悬崖剧院与花园的关系

图21 岩石花园的平面图

图22 岩石花园以多肉植物为主体

图23 在海边的悬崖上其他植物难以长好，多肉植物非常适合此地

图24 岩石花园上下的高差很大

19

20

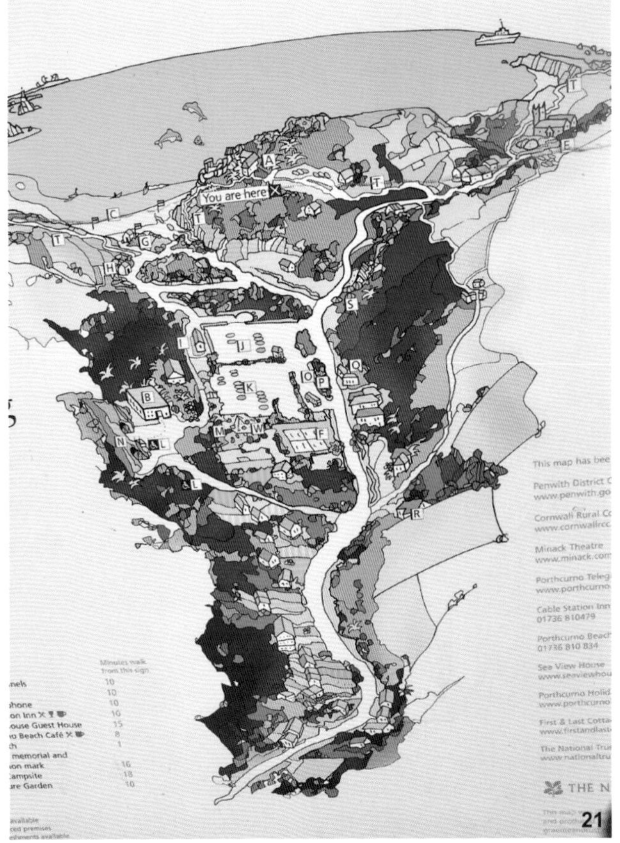
You are here
Minutes walk from this sign
nels 10
10
hone 10
on Inn 10
ouse Guest House 15
o Beach Café 8
ch 1
memorial and
on mark 16
Campsite 18
re Garden 10
This map has bee
Penwith District C
www.penwith.go
Cornwall Rural Co
www.cornwallrcc
Minack Theatre
www.minack.com
Porthcurno Teleg
www.porthcurno
Cable Station Inn
01736 810479
Porthcurno Beach
01736 810 834
See View House
www.seaviewhou
Porthcurno Holid
www.porthcurno
First & Last Cotta
www.firstandlast
The National Tru
www.nationaltru
THE N
21

22

23

24

人园合一的英国希德蔻特庄园花园

撰文 / 虞金龙

作者介绍

虞金龙 上海北斗星景观设计工程有限公司总裁，北斗星景观设计院院长、首席设计师，上海师范大学兼职教授

上图 规整绿篱这般齐整对称，颇有德式与法式园林大气与雕饰的风采（摄影 林小峰）

在英格兰最美的格洛斯特郡科茨沃尔德地区有一片云雾缭绕、地形舒展的丘陵区，在云里雾里有许多景色迷人的小村庄，有一个名字叫希德蔻特的村庄，希德蔻特庄园花园就位于此。历史悠久的花园肯定有独特的故事。一个拥有美国国籍的女子名叫格特鲁德·温斯洛普，为了忘却曾经两次丧偶带来的伤痛，带着儿子劳伦斯来到英格兰。1907年7月2日，在一次拍卖会上购买了这个村庄的全部财产，包括150公顷的牧场和附属建筑。她和她儿子一起经过长达40年的努力，用尽千辛万苦、千方百计，终于建成了今天希德蔻特的这座美丽花园。20世纪30年代，由于资金的问题，花园逐渐衰败；1948年，儿子劳伦斯把希德蔻特花园交给了国民托管组织（英国保护名胜古迹的私人组织）。

花园所在格洛斯特郡科茨沃尔德地区拥有绿草如茵的起伏地形、美若仙境的森林峡谷、枝繁叶茂的参天古树、蜂蜜色石头堆砌而成的乡村小屋及长满青苔的石块，无一不透露出精致而又有人文历史的乡村美感。全世界每年有无数旅游与专业园艺爱好者来英国探访乡村田园和花园之美，希德蔻特花园正是其中的值得研究与学习的最典型的非典型民间艺术花园。

花园布局中展现着规整雕饰、花园花艺、乡村自然的完美融合。整座花园由规整绿篱分隔成29个大小各异的“花园”，小中见大，每个花园根据所栽园艺植物定了各不相同的主题，这里的屋宇、大树、水景、花境、树篱、草地、园路及远处的旷野、牧场、乡舍都体现了劳伦斯在设计上讲究空间和人文的联系，在配置植物上和谐美丽的要求，每个空间分隔巧妙、每个花房都有故事与主题。“入口花园”“白园”“老花园”“枫园”“罂粟园”“玉兰园”“杜鹃园”“松园”“海棠园”“百合花园”“岩石花园”“野生花园”“红色边界花园”“溪流花园”“厨房花园”“育种花园”“草地花园”等29个花园通过精心设置的花园之路连成一片，在游客观赏的悠闲时光里可以从园艺植物品种、空间布局分辨出每个花园的主题思想。园艺品种空前丰富形成花园缤纷灿烂的四季景观是游客和园艺爱好者的天堂。

图1 希德蔻特庄园花园的平面图，可以看出园子的小空间极多

图2 大草坪区域(摄影 林小峰)

图3 大树、草坪、雕塑、马匹和谐一体、风景如画

图4 花团锦簇，美不胜收（摄影 林小峰）

图5 花园的竖向植物配置精美绝伦

图6 园子的收头大气磅礴，意犹未尽

图7 花园的空间极其富有变化，开合收放自如（摄影 林小峰）

一、布局特点

希德蔻特庄园花园有许多具有创造性的设计布局，劳伦斯和他母亲一起花了40年设计和营造了这个伟大的装饰与自然融合的艺术园艺花园。他精心设计的每个花园空间，通过主题慢慢地展开，揭示了不同的格局气氛或新境界；甚至在每一个转弯与石头边似乎是杂乱生长的植物，也与开花的灌木混杂在一起形成了近乎完美的自然花境与树丛。采用高绿篱这种互不干扰的花园设计，与欣赏路线、小中见大的东方美学手法，这些对于英国及世界花园园林设计到今天仍具有示范及借鉴作用，后来的许多英国园林及世界园林都从希德蔻特花园得到了启发。

1. 应用特别的规整绿篱

希德蔻特庄园花园不是典型的规整花园，更是一种规整与自然融合、东方与西方美学互融的花园。这座花园既有人工雕饰的规整园林，也有人工打造的自然花园，更有规整绿篱形成的十字景观轴廊道串联起的从建筑到乡村原野的所有大大小小29个花园空间，从而让这座花园呈现出完全不同主题的美感。

2. 小中见大的东方园林美学

花园中大量运用了高篱分隔障景，又在局部开口或围合形成框景，与东方园林美学中的小中见大、曲径通幽如出一辙，或许这和劳伦斯常来中国参悟中国园林有一定的关系；更巧妙的是他运用花园绿篱廊道使园子

图8　树篱将花园分隔成29个小空间

图9　绿篱的人工齐整与花境的自然野趣之间浑然天成

图10　希德蔻特庄园花园不是典型的规整花园，更是一种规整与自然融合、东方与西方美学互融的花园（摄影 林小峰）

图11　欧式园林的气势

图12 中国园林的框景造园技法，英国园艺师也驾轻就熟

图13 洗手间门口的紫藤让人叹为观止，太奢侈了

图14 开花的灌木混杂在一起形成了近乎完美的自然花境与树丛

图15 只有浅浅的一层水，丰富的湿生植物和花卉点缀其间，打造成一条蜿蜒的水景花谷（摄影 林小峰）

图16 爬满铁线莲的小屋

通达外围与科茨沃尔德的乡村自然美景浑然一体。花园之间通过这种树篱式“门洞”相连的方式，是充分利用大自然的植物元素而找到新的园艺装饰方式。劳伦斯将框景、障景在这里使用得淋漓尽致，似“山穷水复疑无路，柳暗花明又一村”的诗意感受。

3. 精彩纷呈的园艺植物

劳伦斯花了大约30年时间从世界各地引种植物。为了引种，他远行到南非和中国寻找新的珍稀植物，带回英国培育。花园引种对于英国园艺植物学研究贡献巨大，有41种植物是由劳伦斯首先引入英国的。鉴于劳伦斯对于英国园艺引种与花园设计的贡献，英国皇家园艺学会（RHS）三度颁发给他功勋奖章。

丰富的品种为营造不同的花园主题提供了可靠的支持，一年四季的植物是花园的活力所在。

四月：松树，不寻常的毛地黄、玉兰花、杜鹃花等；

五月：郁金香，中国的珙桐树、紫藤、巨葱、紫丁香、山毛榉、红豆杉等；

六月：古老玫瑰、芍药、羽扇豆等植物和草本花境；

七月：草本植物百合花、绣球、非洲百支莲、美人蕉；

八月：温柔的倒挂金钟，红色大丽花；

九月：日本银莲花和秋番红花；

十月：枫树、大叶榆等。

12

13

14

15

16

二、特色花园描绘

1. 入口花园

枝繁叶茂、花密的铁线莲和贴地紫藤爬满了不起眼的蜂蜜色石头堆砌而成的乡村小屋，成串的花朵发出沁人的芳香，典雅清丽的紫色花朵与历经风雨的古老石墙相映成辉。让沧桑、历史与您花知花会。

2. 闲庭花园

穿过古老屋宇，在转角闲庭雅致的乡村体验“乡下人”生活，闲坐在椅子上，看尽国家大事，拥有最极致的享受：一园、一道、一人的无极世界。

3. 圆形花园

圆形花园是整个花园开始部分的起承转合的过渡空间，它衔接着怀旧花园和树篱印象园。

4. 特型树篱印象园

规整绿篱这般齐整对称，颇有德式与法式园林大气与雕饰的风采。花园最突出的特点就是用红豆杉、冬青、山毛榉等修剪成树篱，将花园分隔成29个小空间，形成的每个空间内种植不同的园艺品种，呈现各自的主题。

5. 红色边界花园

各类红色的植物围合在草地两边，以槭树科植物为主。这些植物交替生长，在各个季节中都呈现出热烈的红色。

6. 柱状花园

富有特色的整型植物，在这里又成为主角，红艳艳的芍药以它为背景更加的婀娜多姿。

7. 十字景观轴花园

以南北向和东西向两大草坪轴线空间，形成了空间的视觉过渡，并将花园的结构和布局变得清晰而明确，在绿草茵茵树篱环抱中，有孩童和母亲的嬉戏，有伙伴之间的追逐打闹，也有四代同堂的天伦之乐。

8. 上游花园和温斯洛普夫人花园

在这两个花园中可以眺望下游充满野趣的溪谷花园，自然从这里开始，规整从这里结束。对这个花园印象最深的是园艺师的修剪整形技术。大刀阔斧超出咱们的想象，树都修成了拱形，且都超过人的高度，绝对是人工园艺的精典之作。

9. 溪谷花园

溪谷花园是整个花园中将自然之美和人工种植相结合体现得最淋漓尽致的地方，虽说叫溪谷，更多的时候只有浅浅的一层水。丰富的湿生植物和花卉点缀其间，打造成一条蜿蜒的水景花谷。

10. 岩石花园

和英国大量的岩石花园不同，这里的岩石花园更具野趣，鲜艳而充满生命力的花卉吸引着每一个爱花的花痴在这驻足拍照，当然他们也成为我相机中的一景。

11. 野趣花园

看似野生，实则是劳伦斯精心布置的，这是为了让每一位经过此地的游客感受到一种心灵上的放松。

12. 花园外围的乡村美景

现在很流行的一个词语就是“诗与远方”，当看到眼前的场景时，不禁想到，这不正是英国的田园牧歌、诗与远方吗?

13. 厨房花园和育种温室

几乎所有的英国花园都会有个非常实用的厨房花园。厨房花园包含了蔬菜、水果和植物，这些植物都跟厨房有关。厨房花园深受爱家爱花园的人们喜爱。

图 17 椴树构成的廊道维护修剪需要很多年功夫

女主人温斯洛普和她儿子劳伦斯对这座花园的倾情热爱和匠心营造，带来了这个花园设计的精妙、营造的匠心以及东西方园林美学的融合、规整与自然的融合、屋室与乡村田野的融合。在花园里面，随处可以发现不同年龄、不同人物关系的个体在花园里徜徉、休憩、活动时候的美好画面，人与景交相辉映，和谐共生，想来天堂亦是如此吧。

图18 溪谷花园的石桥周边充满野趣

图19 岩石花园（摄影 林小峰）

图20 花园外围的英国自然风光与人文雕塑

图21 园子的外围是英国典型乡村风光

图22 蔬菜花园有生活情趣

图23 温室花园区（摄影 林小峰）

图24 花园与人——老夫妻

图25 花园与人——年轻人

和花园同美　做人生赢家
——三位法国老太太和她们各自的园子

撰文 / 林小峰

上图　玛丽花园的主景色彩丰富，层次分明

图1　萨斯尼涅荷花园平面图

图2　俯瞰萨斯尼涅荷花园

图3　萨斯尼涅荷老太太本人

图4　萨斯尼涅荷花园露天随便栽植的马蹄莲，让人羡慕不已

图5　萨斯尼涅荷花园的水如同翡翠般好看

图6　萨斯尼涅荷花园的花境带有英伦风痕迹，不在盛花期色彩也很丰富

萨斯尼涅荷（Sasnières），迭艾兹（Dietzs），玛丽（Mary），这是三个法国老太太的名字，记不住这些拗口名字没有关系，因为你会记住她们的花园。三位老太太都是因为各自美轮美奂的花园而驰名法国园艺界。她们的家远离城市，从巴黎开车过去要近3个小时，都快到法国中部了。看到第一批中国专业观众不远万里专门来拜访她们花园，三位老太太又惊又喜，开开心心地陪着我们仔仔细细参观她们多年心血的结晶。使我们理解了一个国家的园艺水平是建立在民众的园艺水平之上的。

一、萨斯尼涅荷花园

从平面图就可以看出这个花园占地面积很大，约8公顷左右。营造时间长达几十年，花园几乎凝结了萨斯尼涅荷女士的毕生精力。这个园子的特点有下列几点。一是地形起伏多样，有丘陵，有大型湖面，有小溪，给园林营造奠定良好基础。二是形式多而和谐统一，有法式对称轴线的布局，也有英式疏林草地，还有园中园。三是植物种类丰富，由于年代长久，大树蔚然成林，满目葱绿，特别是从水面观景，层层叠叠，美不胜收。这里花灌木层次分明，斑斓多彩，还拥有中国的珙桐等珍稀植物。花园内的地被和花卉各自开放，深山木天蓼叶色奇特，全世界最大叶子的草本——大叶蚁塔更是让人啧啧称奇，以上这几个在植物园都很少见到的植物在萨斯尼涅荷女士家都好像是稀松平常之物。四是养护精细且效率惊人，整个花园植物长势茂盛，欣欣向荣。对比国内相似大小的公园，要有一个完整的管理机构，一般会设正园长一名，副园长两名，下设养护管理部、安保部、保洁部、办公室等管理层，再有具体操作层面人员若干。如果没有50人的话，这么大根本管不过来（当然我们游客太多、管理难度大是实际情况）。撇开国内需要保安保洁和后勤人员，单单拿园林养护工人来对比，这么大地方，国内至少需要30人养护，而且质量难说。而萨斯尼涅荷女士家花园一共用工“两个半”人，其中一个是自己，一个是儿子，“半个人”是临时工，居然做到了超过国内最高级别星级公园的管理水准。

萨斯尼涅荷园子美轮美奂，但开支巨

大，虽然也向游客开放，还有一些纪念品销售，但肯定不能收支平衡，所以尽管家境殷实，但萨斯尼涅荷一家也得精打细算，自己动手参与其中。萨斯尼涅荷女士好像不在乎财务上的窘境，她热爱园艺性格开朗，虽然年纪较大但身体硬朗，谈笑风生。自己家就在花园里面，天天时时刻刻处处坐拥美景，这已经给了她足够的回报。

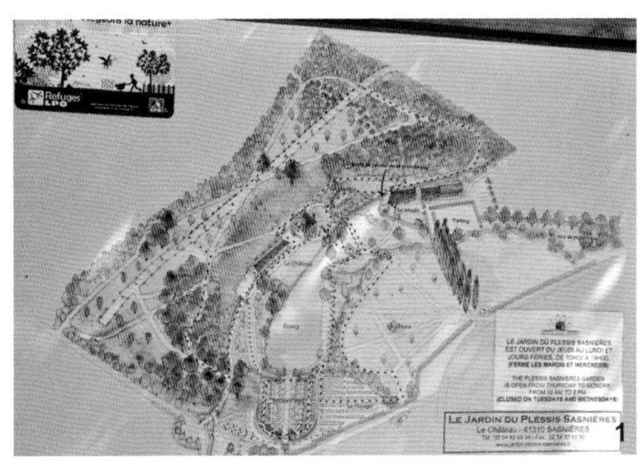

图7 萨斯尼涅荷花园树木和水面形成的美丽镜像

图8 萨斯尼涅荷老太太一家人就住在这样的环境里面，让人明白什么是真正的极致

图9 阳光把萨斯尼涅荷花园的树木照得透亮清澈

图10 轴线、修剪整形的乔灌木、大草坪，萨斯尼涅荷花园局部的法国古典造园手法

图11 萨斯尼涅荷家的工作间和仓储，景色这么美

二、迭艾兹花园

迭艾兹女士曾经是政府公务员，但艺术天赋极高，特别是在雕塑上的造诣可以媲美专业人士，退休后开始了浩大的创作，把自己的乡村别墅完全打造成一个有绿野仙踪气息的雕塑花园。

她的花园并不大，围绕自己的别墅，约5000平方米。一进门，就仿佛进入一个童话小世界。迭艾兹女士把所有可以做雕塑的空间全部进行了设计——屋顶、墙面、地面、树顶、树干、花丛中、菜园里，连工具间、柴火房、储藏室这些地方，林林总总都有雕塑的身影，连浇水壶本身也是雕塑，可以说做得极致。另外一方面，她在植物上也是行家里手，花境、花坛、菜园，从孤植树到铁线莲，从月季花到爬藤，弄得妥妥当当。关键是通过一系列的现场图片，你可以发现她以艺术家的敏锐和园艺师的实力，把两者结合得相得益彰，毫无违和感。花园由迭艾兹女士一人一手打理，活真不少。按理说，她的雕塑品完全具备商业价值，卖掉点回收经费再雇人打理可以轻松很多，但她好像从来不为所动，隐居在非常偏僻的农村，独自享受自己的花园人生。

图12　迭艾兹花园的铺装有种高迪的气息

图13　迭艾兹花园的工具间都布置得这么细致，令人叹为观止

图14　迭艾兹花园的花境非常有特色，它是结合雕塑在做，跟女主人身份有关

12

13

14

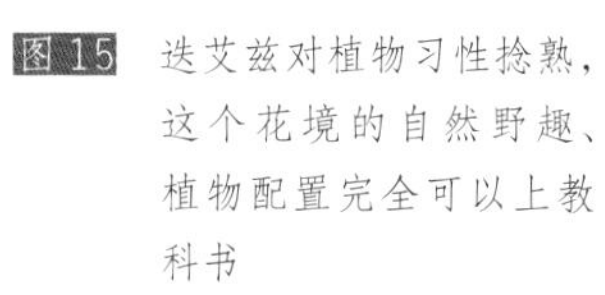

图15 迭艾兹对植物习性捻熟，这个花境的自然野趣、植物配置完全可以上教科书

图16 迭艾兹花园雕塑与植物之间相得益彰

图17 迭艾兹花园景色，几株红枫、槭树、紫叶李的红色从绿色基调中跳出，活跃了气氛

图18 迭艾兹花园，轻盈灵动，有种梦幻迷离的感受

图19　迭艾兹花园属于乡村别墅，那份轻松随意，是女主人的最爱

图20　迭艾兹花园有种绿野仙踪的味道

图21　迭艾兹花园这株孤植树与建筑的关系恰到好处

图22　迭艾兹家菜园

图23　迭艾兹家这个角落的植物配置色彩、形状无可挑剔

图24　迭艾兹女士会坐在家里，欣赏外面花园的美丽景色，可以想象那份满足和愉悦的心情

图25　花园女主人迭艾兹和她自己的雕像

三、玛丽花园

玛丽女士在当地凭自家的玫瑰和月季园声名远扬，人人皆知。月季和玫瑰好看不好养，且不说黑斑病、蚜虫等病虫害，单单不同品种的不同习性就够让人头晕。但是玛丽女士的玫瑰和月季品种多样、品质上乘、花开不断。对比上面迭艾兹女士家以雕塑为主的风格，她只选用了一个现代雕塑放在玫瑰园内，造型独特，独具匠心，非常抢眼。她的庭院设计精巧，植物配置堪称教科书般经典。无论是水边、台阶、墙垣、门窗还是栏杆，这些角角落落都经过推敲。玛丽是植物方面的专家毋庸置疑，她家是三位女士家植物品种最丰富的，约6000平方米的花园里约有200多种植物，几乎可以媲美小型植物园。她肯定是考虑了各种植物的高低、色彩、习性、观赏期，所配置的植物群落自然生动，层次之丰富雅致让人品味再三。整个住宅和园子，花团锦簇、姹紫嫣红。作为一个园艺达人，玛丽的笑声充满整个花园，她认识迭艾兹女士，她们都是非常懂得生活享受的。玛丽经常组织乡间各种聚会和下午茶，和伙伴们共度美好的时光。

我们最后受邀在玛丽园子里面吃饭，一边吃着玛丽亲手做的法式美食，一边回味这三位法国女士的花园：花园在她们的生活中不仅仅是生活的一部分，更是她们心灵家园的全部，人生若如此，还有何求！

图26 玛丽家园子里面的院子，那个背影就是玛丽女士的

图27 玛丽家的门

图28 玛丽家的窗被花环绕

图29 玛丽家的座椅也有花陪着

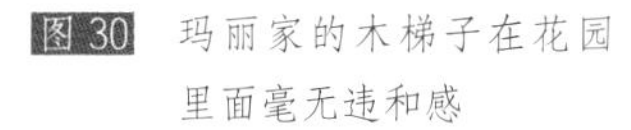

图30 玛丽家的木梯子在花园里面毫无违和感

图31 玛丽家玫瑰园，华美大气

图32 玛丽家玫瑰园远近闻名

图33 玛丽家下午茶的地方，景色奢侈

图34 玛丽花园的台地花园，简洁实用

图35 玛丽花园老墙上的月季盛开

图36 玛丽花园台阶设计细致，两边植物与台阶浑然一体

图37 玛丽花园与建筑的关系是完全融合的

充满“个性”的美国花园

撰文 / 彭已名

作者介绍

彭已名 旅行达人，风景园林摄影师，《美好家园》杂志园艺版顾问

家园，家园。

有“家”的地方，就必有“园”相伴。

是故，建花园和修房子一样大抵是人类最古老的行业之一了。纵观世界花园发展史，自古及今，在世界上的不同地区和不同时代都出现了不同类型的花园文化。可以说，当某一种“文明”到达其巅峰的时候，与之相伴的花园文化就会在那个时期广为流传。比如，典雅的中式花园、严谨的日式花园、一丝不苟的法式花园、浪漫洒脱的英式花园甚至还有简单粗犷的荷裔南非式乡村花园……

历史进入20世纪之后，美国成为了世界“首富”。尽管美国人在经济、科技等多方面保持了世界领先的地位，却始终未能创造出一种个性鲜明的“美式花园”文化来影响世界花园史的进程（至少在现代的园艺教科书上，尚未有任何一类花园被统称为美式花园）。

然而，当置身于富饶的美国西海岸，亲临那些美国花园的时候，能够深刻地体会到这些诞生于20世纪的近、现代庭院与保留于旧大陆的那些古老庄园在建筑风格和花园实用性上都有着明显的不同和显而易见的发展。比如，塑料、树脂与玻璃钢等大量现代新型建筑材料的普遍运用，使这些花园的线条更显通达、流畅。而休闲区的设计也更加注重建筑与自然之间的关系和花园的实用性。园区里散落着的游泳池、烧烤区、户外就餐区和儿童游乐区，让现代人的生活更加惬意、方便，它们是20世纪人类享乐主义思潮在园艺生活中的具体体现。

美国是一个崇尚“个性”的国度。每个人都在不同的领域里做着“与众不同”的成功梦。这些稀奇古怪的梦境最终会落实在与他们息息相关的生活中。所以，在美国，每一座著名的花园都有着其自身的鲜明“个性”。它们存在的意义就是要表现其拥有者是多么的与众不同。

在美国西海岸的一号公路旁边就聚集了这么一大批有着鲜明个性的私人花园。此处是美国气候最好的地方，功成名就的人们来这里寻求理想中的“A California Casual Lifestyle”。这些人中不仅有建立了Never Land的摇滚巨星迈克尔·杰克逊，“山顶古

上图 奇胡利玻璃花园内的景观

堡”的主人、前报业大王赫兹，更有买下了整座岛屿、集齐了岛上全部当地植物用以装饰自己后花园的口香糖大王威廉·瑞格里，以及用鲜花和玻璃来营造自己梦中的水晶宫殿的著名玻璃雕塑艺术家奇胡利。

此处名园众多，不能一一赘述，是故，精选两个最具特点的近、现代美式花园为大家作如下赏析。

一、“多肉”王国——口香糖大王的后花园

圣·卡特琳娜岛，位于加利福尼亚州南部近海，距洛杉矶海岸20多英里（约32.2千米），面积76平方英里（约197平方千米）。1919年，口香糖大亨威廉·瑞格里将这个岛屿全部买下，按照自己的构想全盘规划，逐步将这里改造成了自己的家园和商业王国。他改进了当地的公共设施，增加了渡轮，建立了一家赌场、一间酒店。与此同时，他还大兴土木在岛上建造自己的豪宅，并派人收集齐了当地的各种植物种在其豪宅后的山谷里，以此作为与这座豪宅相配的私人花园。

1932年，瑞格里离世，死后就葬在他所钟爱的后花园里与那些奇花异草共眠。在经历了多年的沉寂之后，瑞格里的家人决定将他当年居住的豪宅改造成一座度假酒店，而埋葬了他的私人花园呢，则更名为“箭牌纪念花园”对公众开放（箭牌，即指箭牌口香糖）。自此，世人才得以一睹这座传说中的“花园谷”的真颜。

因为地处偏远，交通不便（乘船从距离最近的洛杉矶到达这里也需要1.5个小时），所以，国内对于这座花园的报道少之又少。在到达之前，对这座花园可谓是只知其名，不知其实。全凭着对于园艺的爱好和对于当地植物的好奇，不辞辛苦地跋山涉水来到这小岛上“探奇”。及至，走入这座安静的山谷，内心中才徒生了“书到用时方恨少”的遗憾：它们在中国被统称作多肉植物。然而，令人惊诧不已的是这些惯常被中国文人或者园艺师种养在花盆儿里的多肉群组，在这个距离中国十万八千里的小岛上，每一株都生得犹如小树般高大、粗壮。他们像一群不肯驯服的“荒漠骑士”，终日里就这么口干舌燥、张牙舞爪地与流火的骄阳对抗。从谷底爬到谷峰的时候，展现在眼前的则是一片片更壮阔、更雄伟、更不可思议的龙舌兰海洋。这些巨大的龙舌兰，丛生在仙人掌的脚下，它们仿佛是千万支充满了仇恨的弩箭，正待凌空而去，射穿如血的残阳。

图1 美丽的番杏科植物

图2 “多肉”王国——口香糖大王的后花园

图3 短叶刺兰，叶片边角的尖刺退化成了细丝

图4 这些巨大的龙舌兰，丛生在仙人掌的脚下

多肉植物亦称多浆植物，从广义上讲是指所有具有肥厚肉质茎、叶或根的植物，包括了仙人掌科、番杏科的全部种类和其他50余科的部分种类。该花园中的植物大约多属于仙人掌科，原产地即在与圣·卡特琳娜岛隔海相望的墨西哥高原。此地仙人掌的种类之多的确超乎想象，着实令人眼花缭乱、目不暇接。对于一个来自温带的花园猎奇者来说这座山谷里的一切简直和天方夜谭里描述的一样有着不可思议和无以名状的神秘与壮观。不能用“漂亮”或者“优雅”这类的词来形容这个充满了野性的山谷花园吧，如果

一定要找个词汇来定义它，那就只能是“伟大”。瑞格里花园的确是一个与众不同的花园，它没有亭台掩映的婉约，也没有万花竞放的惊艳。然而，它却有着因朴素而天下莫能与之争的“大器”之美。这座花园彰显了这个口香糖大王骨子里那种不与群人的气质和狂放不羁的性格。即使在70年以后，独自漫步其中的时候，能够感觉到当年这个花园主人内心中的那种坚定与博大，以及他于植物学的热爱和对于普世价值的完美追求。（人的一生总要给后代留下些有价值的东西吧。）或者这就是一个商业巨子足以超越普通人的原因吧。他的超凡脱俗皆始于他的“专注”，而这座多肉王国的伟大则皆始于它的“朴素”。

二、“玻璃”之心——艺术大师奇胡利的后花园

假如说口香糖大王瑞格里的后花园让人领略了商业巨子内心中那种足以统治“世界”的坚定与博大，那么工艺大师奇胡利的后花园则让人感受着一个艺术家那颗“玻璃心”的狂热与脆弱。

和隐藏在山谷里的多肉王国不同。奇胡利的玻璃花园坐落在西雅图最著名的“太空针”塔下（太空针是西雅图的地标建筑，兴建于1961年，为1962年举行的世博会而设）。因为地理位置绝佳，所以这里从不缺乏游客。

玻璃花园分为室内、外两部分。室内保存着艺术家奇胡利创作的Ikebana and Float Boat（插花与浮船）。据说，这件作品的创作灵感来自于他早年的一次新岛之旅和在那里的插花体验。室内的另一件重要作品被命名为Milli Flori（在意大利语中Milli Flori即为成千上万朵花的意思）。据说，其创作灵感源自于奇胡利对其母亲花园的早年记忆。根据奇胡利的回忆，他的母亲是一名疯狂的园丁，而奇胡利的创作灵感则大多源自于他从母亲那里感受到的对于园艺的热爱。是故，他一生中的大多数作品都与花和花园有关，而他自己则清楚地知道应该如何将这些人造的艺术品巧妙地融合于自然的环境空间。

曾在拉斯维加斯的布拉吉奥酒店里欣赏过奇胡利的成名之作。然而，当踱步而出走进他的室外花园的时候，眼前就不自觉地产生了一种不真实地“晕眩”感。

花园“润饰”是品评一件园艺作品成败的重要元素之一。好的“润饰”不仅能给观者提供大量的地域、风格或文化信息，更应

图5 仙人掌，他们像一群不肯驯服的“荒漠骑士”

图6 最有钱的商业寡头会买下一座岛屿集齐岛上全部的当地植物来装饰自己家的后花园

图7 高大的龙血树

图8 短叶刺兰叶片边角的尖刺退化成了细丝

图9 该花园中的植物大约多属于仙人掌科，原产地即在与圣·卡特琳娜岛隔海相望的墨西哥高原

图10 瑞格里花园，有着因朴素而天下莫能与之争的“大器”之美，彰显了这个口香糖大王骨子里那种不与群人的气质和狂放不羁的性格

图11 如下垂的花序般挂在树上的玻璃作品

图12 奇胡利玻璃花园内的玻璃作品

图13 玻璃作品与植物的组合

11

12

13

图14 玻璃作品背景前美丽的卷丹百合

图15 奇胡利玻璃花园内的玻璃作品，造型独特

图16 奇胡利玻璃花园内的玻璃作品，颜色鲜艳

该是一座花园中的聚神和点睛之笔。迄今为止，见过用木雕、铁艺、塑像、花钵，甚至是用皇宫日晷、寺庙神龛作为“润饰”的，而若奇胡利这般用大量的玻璃制品作为花园“润饰”的，在全世界大约也算是只此一景，别无他园了。

一旦，这些晶莹剔透、挺拔骄傲的玻璃“润饰”和风舞婆娑、万头攒动的紫阳花交织在一起的时候，一幅立体的现代“波普”画就活灵活现地展现在世人的眼前了。这些五光十色的玻璃柱就好似是一颗颗充满诱惑的棒棒糖（Pop），而那些柔软无比的紫阳花，则仿佛是贪婪的舌头（Lolly），愉快的享乐和渴求的欲念在它们之间仿佛是随意的缠绵转化，丝毫不理会时间或者地域对它们的束缚与制约。

徜徉在这般独特的玻璃花园里，体会着“假亦真来真亦假”的虚幻，又常常要感受着“步步惊心”式的慌乱——担心自己的一个踉跄就会把这些玻璃的“棒棒糖”全都撞坏。用句时下流行的话讲：这些“润饰”可都全都是些伤不起的“小鲜肉”啊！

用“脆弱”一词来形容这座花园大抵是最恰当不过的了。这座花园的惊艳，皆源自于这些玻璃制品的脆弱。正是这种“脆弱”才让它收获了一种不可复制的、也很可能是转瞬即逝的美。然而，这种美终究还是不堪“时间”的一击，在历史的长河中，它只是为当时偶然路过人而短暂的存在。能在它生命中最美好的刹那与它相遇，又是何等的幸事！

很难说清奇胡利的艺术作品与波普艺术之间是否有着必然的联系，但显而易见，这座玻璃花园一定是基于现代艺术的理念而设计完成的。和拙朴、大气的瑞格里花园相比，这座玻璃花园显然更加花哨、时髦，也更加具有美国现代文明中力求自我表现、追求标新立异的明显特征。那么，我们是否可以就此推断奇胡利的花园就一定比瑞格里的花园更具有美国风格或者说进步性呢？流行的不一定是最好的，传统的也不一定就是腐朽的。它们之间的孰优、孰略，终究还是要放到历史的长河里，让更见多识广的后一代园艺家或者理论家去评说。

图 17　Ikebana and Float Boat（插花与浮船）

图 18　好似棒棒糖的玻璃柱和好似贪婪的舌头的紫阳花

图 19　室内作品 Milli Flori

英国现代伊甸园
——修道院庄园花园

撰文／虞金龙

作者介绍

虞金龙 上海北斗星景观设计工程有限公司总裁，北斗星景观设计院院长、首席设计师，上海师范大学兼职教授

上图 这个就是园子主人的家，家在花园里面，乃人生乐事

一座英国私人花园能被全世界66个国家电视台专门推送该有多独特?

修道院庄园花园是位于英国南部乡村的一个花园，巧妙地将法国规整式园林、英式自然式园林以造景融合在一起，被称为“个性化现代伊甸园”。目前英国的园林已经发展到“园艺派造园时期”，即设计创意与艺术、与自然、与生活融合的个性化花园时代。这些个性化的花园很多在英国的乡村、在私人花园主手里被精心打理着。纵观这些花园除前庭花园略留些规整绿篱花园外，其他大部分花园是自然式的、精致的、品种极大丰富的并与主人爱好密切相关的。

园子的主人是伊安和芭芭拉夫妇一家，女主人芭芭拉是模特兼服装设计师，男主人伊安是建筑设计师，他们的艺术品味、修养和对自然观上的天赋异禀毋庸置疑。酷爱花园是他们的共同爱好，1994年买下这座房子后，他们亲自建设了这个个性化花园，在老公身体欠佳后两个儿子偶尔会回来帮忙母亲打理花园。花园根据阳光与植物、光影和风、当代雕塑与历史对话的关系来设计，花园后院特意去除挡建筑杂木，建设出模拟东方园林情趣的山谷溪流花园，超过2000株的玫瑰花及裸体游是该花园特色，花园还是与诗画、雕塑艺术、花木与生活等通过伊安与芭芭拉学贯东西文化的个人兴趣思想发展有关联的花园。

修道院庄园花园被认为是英国最美的个性花园之一，它是一座非典型的英式现代版伊甸园，有别于传统英式花园那种自然与野性的美感，意在体现花园历史长河中的人文变化和丰富的传统与现代交融。花园的平面布局充分体现了人工雕饰美、艺术美、东西方文化交融的自然美的完美结合。在其之中还吸收东方自然园林的意境美学特质（日本园林精致与中国园林自然），当然花园自然式特征也不是我们中国传统园林中通过叠山理水在围墙内用人工模拟出来的自然，而是改造、顺应英国的大自然风景。

一、花园的营造

可从平面布局一窥而知，整个花园空间基本分成入口引导花园、前庭规整精致花园、香草花园、棚架花园、岩石花园、玫瑰花园和东方后花园等。而模仿东方的自然后花园又包含了杜鹃园、槭树园、山茶园、蕨类园、鱼池园等。

1. 入口引导花园

古朴沧桑的大门和长长的绿篱廊道形成了入口引导花园，廊道尽端收景的是高大的古树组合，花境中的艺术人体雕塑与主人提倡的自然观巧妙进行了提示，引导视觉形成了一个引人入胜的空间，偶尔故意留出一个窗口的绿篱仿佛是中国漏窗。

2. 前庭规整花园

这是一个紫藤花廊入口，巧妙勾勒出前庭整形花园之美妙，一个13世纪就存在的修道院主人楼宇爬满了铁线莲、紫藤、爬山虎等花卉植物，让古老屋宇不断在四季中展露生机与活力。右侧前庭花园是整形的树篱花园，伊安和芭芭拉让规整和自由在这里交融。花园又分成由绿篱分隔的不同空间，各个区域常常通过类似的“门洞”相连，夹景、对景等手法营造出“山穷水复疑无路，柳暗花明又一村”的惊喜。所以当你从这里的座凳向望外时，更会为“门框”的取景效果感到震撼。使人感觉到在齐整对称颇有法式园林的风采里体验东方园林的意韵。花园最突出的特点是：用红豆杉等修成树篱，将花园分隔成一个个不同的主题花园，每个区域种植不同品种的植物，呈现各自的主题。

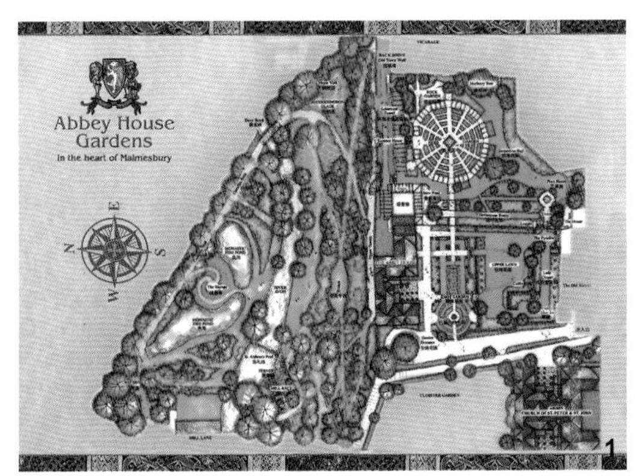

图1 花园的平面图，图右边部分为规则式样，左边为自然式样

图2 花园的入口，半开半合，引人入胜

图3 紫藤花与金莲花如瀑布般装点着廊架

图4 老紫藤开了一屋子的花（摄影 林小峰）

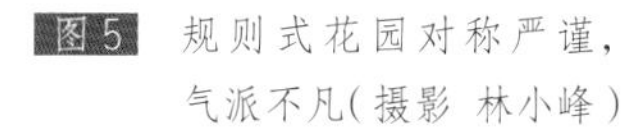

图5 规则式花园对称严谨，气派不凡(摄影 林小峰)

图6 绿篱修剪成雕塑，功夫令人叹为观止

图7 花园中的框景

图8 花园的景色层层叠叠，美不胜收

图9 高低错落、对比强烈、形状各异的绿植

图10 花园中的框景

10

3. 东方后花园

后花园是一个模仿东方的自然峡谷花园，林木深深的溪流小河边是一种完全不同的氛围感受，你可在林间砂粒道上，在山茶花、杜鹃花、蕨类、枫树丛中游赏。而那些花都是移栽过来的，种在与原生环境不同的土里，有一些还是来自东方的园艺植物。而原有的银白色桦树、樱桃、橡木、榛树和苹果树之间又增加了日本枫树、冬青、八仙花类、醉鱼草和松柏类植物。在去除杂乱大树后从房间向外看也是美妙的画境感。花园里还有大量的鸟类，如五子鸟、旋木雀、捉虫鸟、啄木鸟、翠鸟以及一群群的金翅雀。更不用说在水里游弋的天鹅、黑水鸡和机警的水鼠。

4. 香草花园

香草花园被一圈拱廊包围，特别有进深感。内圈是用容器分割的品种繁多的香草及蔬菜，既可欣赏也可用于厨房之用，特别具有生活情趣。香草花园也是欧洲花园的标配。

5. 玫瑰园与自然花境园

规整玫瑰园和随意但精致的花境园更带来优雅的气质与魅力。想象一下两千多株玫瑰伴着花香弥漫在大自然里营造出的温馨和浪漫，而5月时分花境园中的芍药、大丽花、羽扇豆、毛地黄已开放迎客。

二、花园的特色

修道院庄园花园有3个不得不提的特色。

1. 雕塑

雕塑是这个花园的特色之一，是芭芭拉丈夫伊安的艺术构思。雕塑小品摆放巧妙，尽管是很普通的雕塑作品但却被艺术地摆到位了。特别是雕塑与植物、与墙壁的关系都非常和谐。即使是楼梯扶手也用钢筋做了艺术造型，本身就是一个雕塑小品。

2. 植物

花园里的植物可能比一般的小型植物园的品种还多，有很多是从东方引种的，品种有苏格兰金莲花、金边枸骨、红叶榆、银白桦、大叶榆、鹅耳枥、槭树、杜鹃、山茶、红豆杉、丁香、凌霄、紫杉、桑树、木槿、紫叶小檗、玫瑰、芍药、牡丹、毛地黄、铁线莲、虞美人、鸢尾、蕨类植物、铁线莲、羽扇豆、蓝铃花、八仙花、常春藤、爬山虎等。

3. 裸体游花园

伊安夫妇喜爱在花园中裸体劳动，并在BBC英国广播公司“园丁世界”节目秀播出了他们这一爱好。夫妇两人接到了许多裸体主义者电话，他们纷纷要求参观他们的私人花园，进行与自然、阳光对话的裸体畅游。这样的活动其实在国外是稀松平常的小事，无关情色，只关自然，不值得大惊小怪。由于电话实在太多，夫妇俩在研究法律后决定专门为这些裸体主义者举行几个花园开放日。

2007年的第一次开放日安排在6月3日，当天大约有350名游客参观了花园，其中300人选择了裸体方式。不过裸游花开放日里的游人主要还是40岁上下的中年人，而且男性比女性更愿意接受这种形式。芭芭拉觉得这是因为传统文化影响了女性，尤其是年轻女性，她们害怕裸体给她们的形象带来“不检点”之类的负面影响，也怕自己的身体因为裸露而暴露出缺点，因此很难投入地享受裸体游的乐趣。但女主人芭芭拉对这座花园和他们夫妇的生活方式感到自豪。她说：“认知自己的身体，让身体愉快地感受阳光与自然是非常重要的事情。”现在有太多躲藏在空调房间里的人，他们几乎已经忘记了自己是自然的孩子。

英国的花园有其自然、精致、品种丰富和色彩斑斓的一面，同时又有生活、艺术和高雅的一面。理想生活至高境界的桃花源在现实中的英式乡村却触手可得。英国的芭芭拉与伊安夫妇创造的修道院庄园花园被视为现代人心目中的伊甸园。英式乡村花园生活保留了原汁原味的自然情怀、人文历史以及艺术情趣，质朴中透露着清新，静谧中带着温馨，让人心驰神往，这种朴素和温暖的感觉就是人人都追求的花园生活——“家”。

图11 香草花园，一派田园风光

图12 自然花园的叠山理水有东方的韵味（摄影 赵婷）

图13 自然花园内溪流潺潺，好似绿野仙踪

图14 从花园主人家客厅可以俯视自然花园的风光

图15 玫瑰花园（摄影 林小峰）

图16 花境设计与施工无可挑剔（摄影 林小峰）

图17 雕塑作品血脉喷张，栩栩如生（摄影 赵婷）

图18 现代的雕塑小品在古典花园里毫无违和感（摄影 林小峰）

好看的展会

盛世展会多。我国的国际展会是1999年昆明世界园林博览会开的头，成都、沈阳、青岛、重庆、北京都曾经大兴土木过。我国还参加过不少国际园林博览会，新建了一批中国园。

实事求是地说，想在展会上出类拔萃越来越难，看看武汉、唐山的上海园是如何破题的，也可以参考一下米兰世博会和泰国的主题公园如何设计，还有法国肖蒙花园如何把花园玩成先锋艺术的。

以创意来立意
——米兰世博会英国馆印象记

撰文／林小峰

上图 蜂巢整体造型，具有象形与梦幻感

图1 夺人眼球的英国馆（摄影 朱祥明）

曾几何时，大英帝国是那么的雄霸世界，不可一世，名副其实的“日不落”帝国。然而，时过境迁，现在英国实力江河日下，但是工业革命几百年的积淀还在，创意产业方兴未艾，目前已经稳居英国国民经济的第二位，仅次于其看家的金融贸易，以创意来立意立国，稳稳维系了昔日帝国的颜面。这从几次世博会英国馆的创意便可以看出端倪。大家一定还对2010年英国馆的“蒲公英”造型记忆深刻：60858根“触须”亚克力光纤从内部向外延伸，每一根亚克力光纤长达7.5米，根部都放着一颗或者几颗由英国皇家植物园和中国科学院昆明植物研究所合作的“基尤千年种子银行”提供的种子；由于亚克力光纤本身的材质特殊，那些向外伸展的部分将会随风轻摇，从而使整个建筑像一个活的生物，让人叹为观止。再往上追溯，2005年以“自然的睿智”为主题的日本爱知世博会上，英国以“我们从自然学到什么”为立意，巧妙周全，成为当年世博会上最有特色的国家馆之一。

米兰世博会在2015年5月1日至10月31日对公众开放，本届世博会的主题为“给养地球：生命的能源”。所有的展品与建筑及食品都会围绕着可持续发展和高科技的主题。众所周知，做菜是英国人的弱项，也是被人揶揄嘲讽、百试不爽的笑料。英国现在经济拮据，食物又不是擅长，按常理难以出彩，然而英国人知道扬长避短，绕开大多数国家聚焦的食物作物，再次通过令人拍案叫绝的创意，居然在144个参展国中独领风骚。

为了与世博会主题“滋养地球：生命的能源”相契合，英国馆的设计理念独辟蹊径，小中见大，从一只小的小蜜蜂出发，突出了人类与蜜蜂的相似性和关联性，“我们的星球现在的状况如何，蜜蜂能告诉我们”。设计师希望通过前沿的研究和技术展示蜜蜂的困境，包括食物安全和生物多样性等挑战。这个名为“Be”的建筑提供了“身临其境的感官体验”。Bee是蜜蜂的英文，这个名字为游客留下了英国独特持久的味道。这样的创意新颖且切题，立意高还接地气、好演绎，效果好还很省钱。

游客经由“蜂巢”下穿过果园和鲜花遍野的牧场般的英伦写意景观进入英国展区，

图2 蜂巢中间的结构

图3 看看这样复杂的结构，设计师、结构师、建造师真是才华横溢

图4 英国馆吸引大量游客（摄影 朱祥明）

图5 英国的选定蜂巢内蜜蜂都回来了，整个英国馆的主体建筑就灯火通明

再阅读过展板上饶有情趣的科普内容，便来到了主体建筑“蜂巢”。它的立体格架制作是用大约17万根铝合金管组成的晶格状体，在管体末端设置了无数的LED灯。游客进入蜂巢内部后，从英国本土一个真实的蜂巢里的视听设备会实时传送信号，巢内的加速度测量仪测量蜜蜂的震动活动，并将这些信号送到球体内嵌的一组LED灯管中，实现了昆虫活动的动态呈现。这些信号集成音频和视觉的震撼效果，嵌入“蜂巢”的视听设备确保它能够依所需效果震动、嗡鸣、发光。设计师期望通过使用身临其境的感官体验来探索蜜蜂居住的场所，从而为游客带来持久的英国景观风情。内部的蜂音和外部的灯光浑然一体，展现着这个巨大的艺术品独特的魅力，设计师用科学和艺术、自然和技术的融合，给全世界游客带来了独一无二的享受，很好地诠释了本次米兰世博会的主题。

此次英国馆项目由大英贸易投资机构(UKTI)领头，由诺丁汉的艺术家Wolfgang Buttress设计，由Stage One负责制造与建设。在这之前，英国贸易投资署公布了入围的8个方案，各个创意独具，在本文最后特地附录每个方案的细节，虽然另外7个方案没有实施，但都是匠心独运，大家还是可以从中一睹英国设计师天马行空的想象力。

第一团队：参照葵花籽展开设计，设计的构想是能容纳地球上的每个人，把每个人进行压缩，缩小到一百分之一。这样一来，72亿人就能住进300层的世博会展馆了。80米×15米×12米的设计结构会容纳全世界的人口。

第二团队：该设计采用三维无限循环模式，展现了英国的海洋和陆地环境。三维无限循环的设计，展现了食物链的重要性。展馆内的动态景观也体现了英国食品行业与天气、水和土壤周期的关系，还反映了未来的生产技术和流程。

第三团队：该设计采用1296个可重复使用的电线杆创建了一片森林。流动性的景观淡化了内部和外部空间的界限，电线杆构成的森林景观为游客创造了宁静舒适的环境，让游客充分享受这次探索之旅。馆内有公用的平板电脑，添加了一些软件，将展馆变成了一个数字世界。

第四团队：该设计采用“工作—生态—自我维持”的模式。为突显世博会的主题，该团队展现了英国农业和技术对世界产生的积极影响，那就是为全球性的问题提供解决方案。游客可以参与设计讨论，体验有趣的设计历程。

第五团队：游客会先进入果园，那有片野花草地，后进入“虚拟蜂巢”。该团队将展馆命名为“Be”，配有逼真的音效，游客们可以充分体验一下蜂巢内的感受。

第六团队：该设计利用水来突显世博会“滋养地球”的主题。当游客穿过一个没有顶的黑色容器时，会看到自己的水足迹。这种设计试图告诉人们食物中隐藏着大量的水。

第七团队：该团队的特色在于，世博会结束后，温室还能迁移回英国，成为一个研究机构。整个设计体现了英国的科技创新，对世界范围内的食品生产和消费做出的贡献。展馆采用了一流的温室设计，让游客体验未来的种植模式。

第八团队：该设计体现了科学研究和农业生产的发展趋势，让游客体验如何去应对世界范围内的食物危机，领会“Thinkers + Growers + Makers = Sharers”的主题构思。

图6 英国馆的入口是果树疏林和缀花草甸，远处的墙体是宣传栏

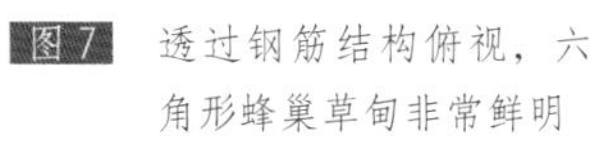

图7　透过钢筋结构俯视，六角形蜂巢草甸非常鲜明

图8　野趣盎然的野花

图9　英国米字旗标识着英国馆就在不远处

图10　看得出游客很喜欢参观英国馆

图11　在英国选定的蜂巢内，如果有蜜蜂进巢，这里就会响起声音

图12　观众被墙壁上观察洞吸引

图13　花箱、台阶的细节设计非常得体

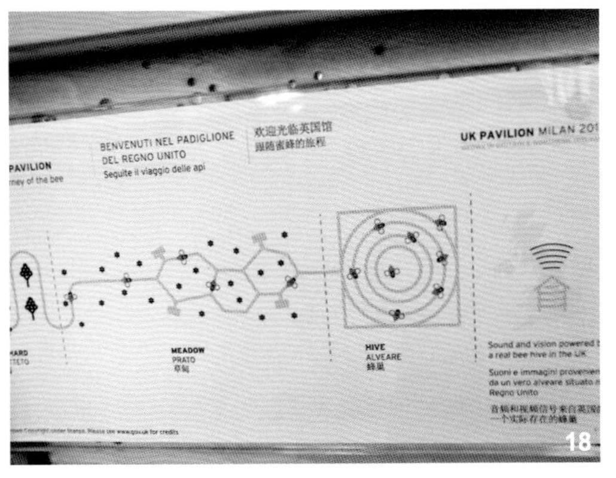

图 14　缀花草甸与蜂巢建筑之间的关系

图 15　在英国选定的蜂巢中有蜜蜂进入时，米兰英国馆的某个灯会闪亮，同时发出嗡的一声

图 16　座椅都是变形的六角形，与整体协调

图 17　蜜蜂的宣传墙经过精心设计（摄影　朱祥明）

图 18　生动、直白的宣传板。这是英国馆蜂巢的演绎图解，可以配合平面图一起看

中国园林展城市展园的转型之作

——武汉园博会上海“360度绿花园”解析

撰文／周蝉跃

作者介绍

周蝉跃 高级工程师，上海市园林设计院副主任设计师

上图 檐下花园别有洞天（摄影 倪超英）

园林展，也称为园林节，是一种园林园艺与展览文化相结合的行业交流盛会。园林展原产生于欧洲，迄今已有两百多年历史。中国园林虽然历史悠久，但园林展的发展却比较晚。目前除了国际园艺生产者协会认定的世界园艺博览会以外，中国现在有三种形式的全国性园林园艺博览会，即由国家住建部主办的中国国际园林花卉博览会（简称园博会），由全国绿化委员会、国家林业局主办的中国绿化博览会（简称绿博会）和由中国花卉协会主办的中国花卉博览会（简称花博会）。

中国的园林展虽是西方的舶来品，城市展园却是园林展融入中国后的特色产物。自昆明世园会开始城市展园之先河后，城市展园的模式在中国的园林展中被大量采用，成为中国园林展的主要特色。城市展园作为中国园林展中的核心展示内容，对园林展的成功起着至关重要的作用。但从历史纵线上看园林展，历届展会中同一城市的展园不免存在许多雷同的情况，创新的困境不言而喻，这与园林展之展现最新科技的初衷不免相悖。带着这样的思考，开启了武汉园博会上海展园的一系列创新实践之旅。

第十届中国国际园林博览会于2015年在武汉举办，园区位于武汉市三环线与府河绿楔交汇处，主场地为长丰地块和已停运的原金口垃圾场，总面积为213公顷。此次园博会以“生态园博，绿色生活”为主题，集锦式地组织了城市展园、国际园、创意园、大师园等，其中城市展园82个，占所有展园的70%，为近十届园博会城市展园数量之最。在同届园博会来看，各大城市展园特色各异，百花齐放，堪称园林园艺大观园。

上海园为园博会南展区城市园的一类展园，占地面积约3679平方米。方案通过设计一个竖向丰富、空间错落的“360度绿花园”，尝试从常规绿地绿化扩展到屋顶绿化、垂直绿化、室内绿化等多种绿化形式，以展现“美丽上海”的最新成果和理念。在主游览路线上分别塑造了观赏花园、微缩花园、空中菜园、瞭望花园、檐下花园、雨水花园6个蕴含趣味和科普性的主题花园，让参观园博会的游览者在游、玩、赏的过程中，

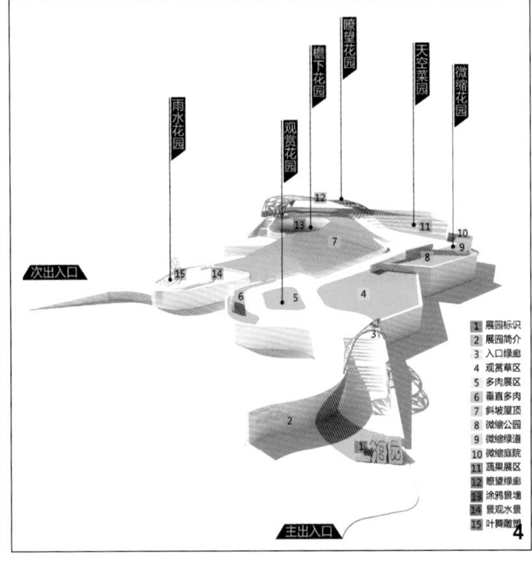

学习到园林园艺知识，从而激发大众对园林园艺的热情。

上海城市展园针对城市展园的创新，主要在以下5个方面进行全新的探索。

一、主题立意由单一趋向多元

纵观多年的园林展中的城市展园，各个城市展园为了突出展现这个城市的优势和特色，主题立意大多以展现城市的地方特色、地方形象为主，如大地风物、风景名胜、历史典故等，导致一些城市经典的地方特色在以往各届园林展会中被不断重复。这些城市展园营造的景观效果虽然也很精彩，但是每届都重复这些雷同主题的景观，即使其展示的形式各异，也难免令人觉得缺乏新意。单一的主题立意不免使得城市展园陷入无法创新的困境。其实，主题立意可以更加开放和多元化，而不仅仅禁足于城市特色。世博会中的许多国家馆摆脱国家特色外框的创新式设计提供给我们城市展园许多借鉴的思路。例如2010上海世博会英国馆的“种子圣殿”以“自然走进城市”为主题，其蕴含无限创意的设计被称为“杰出的英国象征”，向全世界展现了英国现代化、创新的一面。

以上海园为例，设计师设计之初学习借鉴了世博会许多展馆的主题创意，本着从小处着手展现上海大智慧的立意方向，迅速抓住“立体绿化”这个核心词汇。在对上海城市绿化新闻进行一系列分析发现，在十八大报告中提出的“美丽中国”的倡导下，上海建设了一系列屋顶绿化标准试点、城市立体绿化综合示范区，同时在相关政策上进行支持，拟扩展到减免税费、低息贷款、绿地率有限折算等。的确，上海作为一个寸土寸金、高楼林立的国际大城市，“向空间要绿

图1　上海园鸟瞰图
图2　上海园平面图
图3　上海园次入口
图4　上海园导览图

色”已成为增加城市绿化面积的重要举措。至此，基本确定方案的主题立意：上海园将建设一个“向空间要绿色，给都市上绿装”的“360度绿花园”，从关爱自然的角度展现上海近期的建设理念和建设成果。

二、主题演绎由复制趋向创造

以城市特色为主题立意的展园在主题演绎上通常容易采用复制的方式进行展园设计，如复制古典园林、当地民居或名胜古迹等，上述景观元素通常在未被提炼的状态下生硬地在展园中呈现出来。这种照搬地方元素的做法过多地、简单地复制和模仿历史，复制过程又容易损失很多原有的文化信息内涵，同时在复制加工时难免会缺少创新，导致在园林艺术上乏善可陈。突破这种困境的方法就是城市展园可以尝试在主题演绎上更加充满想象力，大胆创新，勇于突破，把许多在其他常规绿地项目中无法实现的想法和创意付诸实践，建议多层次、多角度、多途径、多方法地对主题进行演绎，而不仅仅陷入复制的狭路中，把创造创新的希望寄托于国际展园、大师园等其他展园。例如上海园在设计中分了以下几个层面对“360度绿花园”进行主题演绎。

1. 设置标志景观

为了将“360度绿花园”的主题立意进行更完美的诠释，方案设计了一条上天入地的绿丝带。绿丝带起于上海园三个字，时而爬上墙变为绿墙，时而落到地上变为绿地，时而飘向空中变为绿廊，最终化为雕塑，在变化的过程中将立体绿化的概念有机地融合在绿丝带的形式中。

2. 总体规划布局

总体规划层面，布局成六大区域，形成6个特色主题花园，每个花园用于展示不同的相关“立体绿化、屋顶绿化”的植物品种，如多肉类植物、观赏草类植物、微缩植物、果蔬植物等。

3. 竖向及硬质设计

主要在竖向设置上错落有致，以利于立体绿化的布置。同时在硬质设计上也处处为主题铺垫。从入口开始设置一系列台阶，造成上屋顶的感官错觉，采用取自空中的材质“红瓦”进行特色铺地设计来隐喻屋顶。周边采用低矮灰砖墙作为女儿墙，强化屋顶感受。

4. 雕塑及标牌设计

为了强化360度的绿丝带效果，雕塑设计

图5 红瓦铺地隐喻上海洋房屋顶

图6 绿丝带化为雕塑（摄影 朱祥明）

图7 绿丝带标识标牌设计

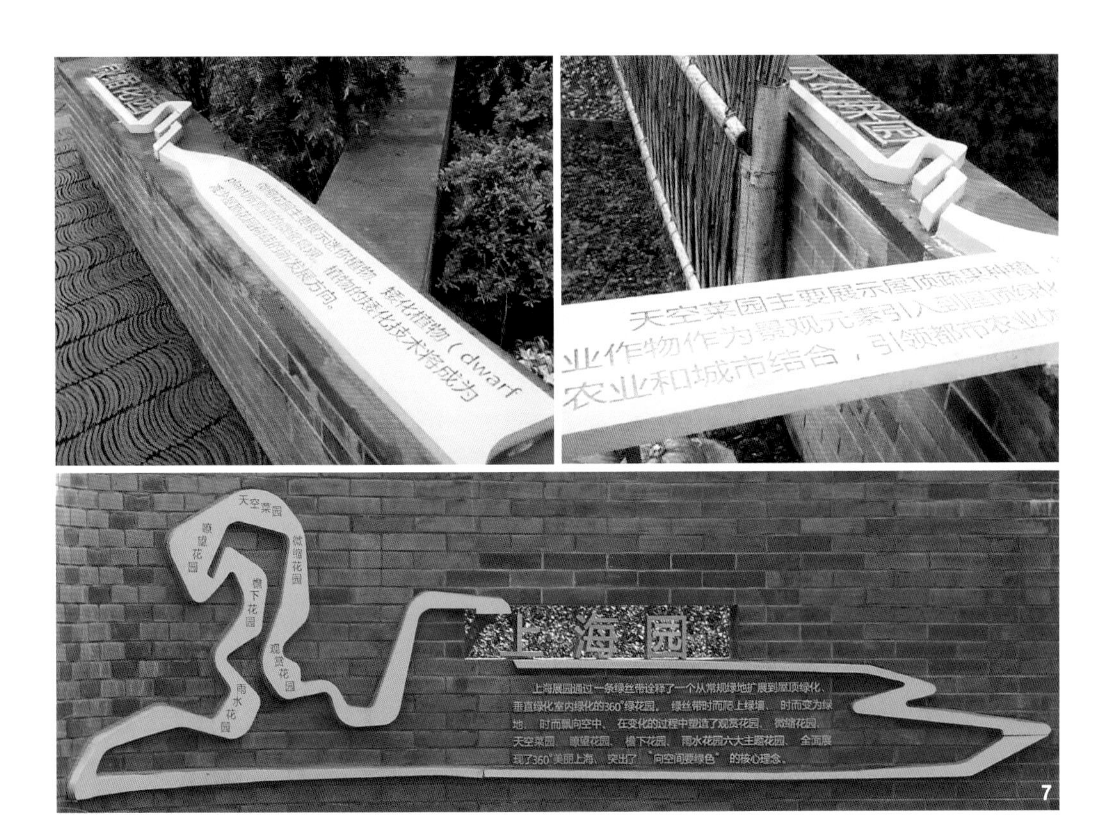

7

了片片绿叶组成的绿丝带形象作为绿丝带的收尾点睛之处。包括标识标牌等细部小品设计都结合主题以绿丝带形象出现。

三、文化意境由明喻趋向隐喻

创新不代表抛弃传统和经典，城市悠久的历史和文化永远是城市展园设计的源泉。虽然文化意境作为一个城市最核心的内容是抽象和不易把握的，但它往往是展示景观中最能够触动人们心灵的因素。城市展园应该更加注重城市深层次文化意境的挖掘，将传统文化的特色优点与设计主题相结合，由直白的明喻手法向隐喻的手法靠近，将文化的意境自然而然地体现在展园设计中。例如此次上海园设计中主要采用色彩、材质、空间处理等方面展现传统文化意境。

上海园此次的文化意境表达旨在展现都市繁华盛景下的低调海派意境。上海不仅仅只有高楼大厦、东方明珠，还有上海弄堂文化、洋房文化，而这才是真正海派文化意境所在。上海园主要通过低调的隐喻手法，采用色彩和材质来展现上海文化。设计中采用了三大色系：低调灰、陶土红、核心绿。设计采用以灰砖挡墙凸显上海弄堂意境，以红色瓦片路面展现上海洋房风情，最终突出核心的绿丝带。三大色彩主控全园，达到纯粹雅致的效果。

另外上海园设计形式上看似现代简洁，但在空间设计中却主要借鉴传统古典园林小中见大的设计手法，注重处理空间序列及空间对比，有上有下，有藏有收，设计丰富多变的竖向空间。如上海园从主入口空间的狭长曲折、体验独特到登上屋顶的豁然开朗、心旷神怡，再到檐下展示空间别有洞天、趣味盎然，最后到次入口空间的主题鲜明、热闹欢快，一路的空间变化带来无限惊喜。

四、展示主景由建筑趋向植物

园林展作为园林艺术的展示盛会，植物品种展示应是重中之重。但是就目前的园林展城市展园常见现象是，在作为主角的“城市特色元素”边上的植物景观都成了陪衬。建筑特色明显，植物特色不足成了城市展园的一大问题。建筑作为展示主景是十分讨巧的做法，容易复制、容易出效果、容易养护，但却和园林艺术展的定位相背离，同时容易缺乏创新，陷入雷同的困境。创新是事物发展的动力，创造性与特色性也是城市展园设计前进的动力，植物展示作为园林展

图8 多肉垂直展示墙

图9 观赏花园多肉画框

图10 观赏草花园(摄影 朱祥明)

图11 观赏草花园

园景观设计的重要组成部分，更容易创新、形成特色、成为亮点，因此建议加大加重植物新优品种、特色植物展示作为展示主景的比例。

例如上海园的特色植物设计中，上木主要体现上海的植栽特色，下木展现新优的园艺花卉品种，而核心展示空间展现超前的植物品种。

1. 观赏植物

观赏植物主要布置在主入口上来第一个观赏花园内。主要选用观赏特性出众的特色多肉类植物和观赏草类植物，该两类植物为屋顶绿化中常用植物品种。主要植物品种有：蒲苇、矮蒲苇、细叶芒、斑叶芒等。

2. 微缩植物

微缩植物主要是一系列矮化、迷你植物，组成了一个微缩花园展区。植物的微缩、矮化技术是为屋顶花园减少荷载的一个重要发展方向。同时也可以作为阳台、露台等小空间植物造景的一个新方式。主要植物品种有：皮球柏、蓝湖柏、蓝冰柏、矮状红千层、蓝地毯刺柏等。

3. 果蔬植物

果蔬植物布置在天空菜园展区。菜园是当下屋顶花园的新力军。天空菜园主要在台地上展示屋顶蔬菜种植，将农业作物作为景观元素引入到屋顶绿化中，将农业和城市结合，引领都市农业体验式生活。主要植物品

图12 微缩花园俯视景观

图13 微缩花园之微缩道路景观

图14 微缩花园之微缩庭院景观（摄影 朱祥明）

种有：金橘、杜梨、香柚、果桃、番茄、辣椒、紫甘蓝、彩椒、甘薯等。

4. 彩叶耐阴耐寒植物

此类植物主要位于檐下花园的下方，该类植物将成为立体城市中许多底层架空的建筑及空中盘旋的高架路底下绿化死角中的又一新兴力量。主要植物品种有：各类的矾根、彩叶草、观叶海棠、山菅兰、青铜亚麻、一叶兰等。

五、材料技术由传统趋向新优

新技术、新材料展示是园林展的重要组成部分，园林展使得新技术、新材料得到应用和推广。随着当代科学技术的飞速进步，越来越丰富的建造材料和几乎无所不能的技术手段为园林设计开拓了更为广泛的设计思路。但往届中国园林展中城市展园往往出于对传统经典景观的尊重，同时由于新材料难以融入传统园林中，在展园营建时仍多采用传统材料。针对市场上涌现许多新技术、新材料，此次上海园主要注重挖掘这些材料的新用途以及彼此之间的新组合等。

1. 透明树脂的跨界使用

透明树脂具有机械性能好、透明性和光泽性好、收缩率小等特点，常用于汽车、建材、工业等行业。上海园绿丝带起点处为“上海园”三个字雕塑和绿色地坪，为了让这个起点更精彩，通过一系列材料的筛选，最后采用了非景观常规材料的透明树脂材料。首先其透明度如水晶般通透无瑕，加入绿色后如同琉璃般美丽。其次透明树脂便于塑形操作，硬性好，不易破碎，利于三个字的制作和耐久使用，透明树脂的跨界使用为上海园的入口添加许多光彩。

2. 当异形钢材遇上玻璃和树叶

在上海园制高点的瞭望花园，该处“绿丝带”卷到空中成为绿色廊架。如何展现轻盈飘逸的绿丝带廊架，成了核心难题。采用纯植物不够飘逸，采用纯硬质材料又太常规。经过设计团队的数轮头脑风暴最终采用

图 15 天空菜园（摄影 倪超英）
图 16 天空菜园
图 17 天空菜园小品

了异形钢材结合玻璃和上海特色树种叶片的组合，形成“抬头可望绿叶，低头可见剪影”的美丽绿色廊架。

3. 让传统混凝土变柔美

在上海园的檐下花园的彩叶植物展示区有一面长达30米的混凝土背景墙，如何让传统的混凝土再现光芒是设计方一直思考的重点。主要采取了以下策略：①采用网架搭建技术构筑双曲面墙来柔化混凝土质感；②采用绚丽彩色涂鸦弥补混凝土的“冰冷”，增添趣味性和互动性。

众望所归，上海这座精美的“360度绿花园”最终大满贯般地囊括了武汉园博会所有奖项的最高大奖，所获奖项之多和奖项之高都创下武汉园博会之最。其中公认的含金量最高的奖项是室外展园综合大奖和室外展园创新大奖，上海园以其创新的理念和设计成为武汉园博会中唯一一个将两个大奖双双斩获的展园。评审组专家一致认为上海园的创新理念为中国园林建设探索了一条不同的道路，上海园的城市立体绿化理念开拓了国内城市绿化的视野，用新视野、新模式扩展了城市的绿量。

城市展园只有在主题立意、主题演绎、文化意境、展示主景、材料技术等多方面进行综合创新，“中国特色”的城市展园才将保有更长久的生命力和创造力。作为展示的平台，城市展园不仅只起到展现一个城市的文化、推广城市形象的作用，更应促进园林园艺事业的最新动态和研究成果的展现，促进最新的园林科技的推广与更新，促进最新园林规划设计思想的交流。相信在未来的日子里，城市展园的创新之路会越来越广阔，优秀的城市展园作品会越来越多。届时中国各地城市展园的创新智慧汇聚一堂，必定会许中国园林展一个更加美好的明天。

图 18　透明树脂打造上海园入口景观

图 19　瞭望花园（摄影 倪超英）

图 20　瞭望花园异形廊架

图 21　檐下花园（摄影 倪超英）

唐山世园会的“园·源·圆”

撰文／虞金龙

作者介绍

虞金龙 上海北斗星景观设计工程有限公司总裁，北斗星景观设计院院长、首席设计师，上海师范大学兼职教授

上图 白天上海园的全景
图1 隔水远眺上海园
图2 上海园鸟瞰图
图3 上海园设计总平图

2016年唐山世界园艺博览会（简称唐山世园会）由国家林业局、中国国际贸易促进委员会、中国花卉协会、河北省人民政府主办，唐山市人民政府承办，于2016年4月29日至2016年10月16日在唐山举行。展期171天，有50多个国家和地区参展，参观人数达到1000万人次。唐山世园会位于唐山市南湖城市生态公园内，是唐山四大主体功能区之一的南湖生态城的核心区。规划总面积540.2公顷，其中水域面积143.35公顷、陆域面积396.85公顷。本届世园会以“都市与自然，凤凰涅槃”为主题，以节俭、洁净、杰出为原则，以时尚园艺、绿色环保、低碳生活、都市与自然和谐共生为设计理念，以精彩难忘、永不落幕为办会目标。以引导社会对未来和谐人居环境的关注和追求为办会目标，邀请全国直辖市、省会城市、计划单列市、国家园林城市及国内重点城市，港澳台地区的城市（机构）、国际友好城市，以及设计师、企业、大学和协会组织参展。

上海园通过简单的元素组合，营造出一个充满活力、想象无限生活美好的海派精致花园。一个城市空间的发展不仅要有生态为本的基础绿色，还要有以人为本的向更高层次多元化、个性化、精致化发展的多彩艺术生活花园，这样的花园既具有展示效果，又可以应用在城市的每一个角落，这正是上海园所希望呈现在所有人面前的。设计中以叶片和上海市市花白玉兰为主线，并反复出现，强化了人与自然、人与园艺的亲密互动，并贯穿起整个花园形成了主入口、台地精致花园、自然生活花园、互动水景花园和都市森林花园这五大花园，在设计创意和匠心的营造中这五大花园的魅力逐步释放出来。入口和自然生活花园中的叶片亭、水中的叶片岛、台地精致花园中铺地上玉兰花花瓣的形态和雕塑上的玉兰花瓣栩栩如生地展示了上海园林精湛的工艺水平，形成精彩的上海园。该作品获得AIPH大奖（国际园艺生产者协会大奖）、唐山世界园艺博览会组委会大奖以及2016年国际生态设计奖之生态景观最佳设计。

一、规划设计理念

上海园的主题为“园·源·圆”。

园，是花园，是园艺构建起的花园，更是生活的花园，在这个花园中，展现了上百种新优的植物品种，展现了上海园林精湛的施工技法，更展现了上海这座城市的创意和时尚。

源，是源头，设计寻找上海的活力之源，生活之源，园艺之源，创造一个美好的生活旅程。从源头上展现园艺对于生活质量的提升和改变。

圆，是圆满和团圆，我们在上海园中，特别设计了一个圆形的玉环，正是象征着我们在唐山世园会相聚。世园会给予我们一个展示城市形象的窗口，我们和全国各个省市的园林人交流，一起将园艺设计创意、新优品种、新型材料向所有的观赏者展示，这就是团圆和圆满的内涵。

试想一下，我们的每一个城市，在花季里惬意的莳花弄草，那这个城市的内涵一定就是繁华背后的高雅，闲适之后的从容，淡定中的阳光明媚。上海园正是希望呈现出这样的可供所有游客参考、并可借鉴到日常生活中去的花园。

独一无二的游线系统将串联起展园的所有空间，完整地展示各分区花园，设计时主要考虑到建成后的拍照取景点的不同效果。设计起止于同一个入口的叶片廊架，形成了曲径通幽的优美道路弧线，利用上下的高差，形成了丰富的游览空间和交通组织，让观赏者可以从各个角度去体会园艺之美。主要路径：由入口标

1

2

3

识叶片亭廊、到台地精致花园、到自然生活花园、再到互动水景花园，最终通过都市森林花园回到入口处出园。

上海园的一个特色就是丰富多变的竖向空间。空间的错落带来多样的游览体验，主要借用古典园林小中见大的设计手法，有上有下，有藏有收，丰富了游览路线。空间内聚，成为园中园，尤其巧妙地借用雕塑将内部园林景观变成框景，在内部空间的处理上，注重空间序列及空间对比，引发游客的兴奋点。

绿化植栽设计简洁明快，利用地形堆坡采用自然群落式种植方式，在视线交汇处设点景树。乔木宜冠大荫浓，树形优美的乔木、灌木应色彩鲜艳，强调自然、生态、方便维护。多层次的植物群落创造出宁静的上海园，植物品种选择多样，以一百余种植物品种打造的上海园，将呈现出北方最好的春、夏、秋三个季节，体现出开花、常绿和落叶植物之间的季相及色彩上的变化。强调乔木季相变化和各色观花、观叶地被植物气氛的烘托；各色地被植物在不同季节里展现不同的色彩。

二、五大主题花园

1. 入口花园

上海园设置了一个入口空间，形成了全园的回路。入口融入上海市花玉兰花清新洁净之特色，以花瓣形状形成了垂直绿化标识景墙，展示垂直绿化的技术特色。主要植物品种有：垂盆草、络石、常春藤、扶芳藤、绿萝、红叶石楠、‘亮绿’忍冬、金森女贞、常绿六道木等。

以叶片的形状形成了入口的迎宾亭，特色的叶片亭上垂挂着鲜艳的鲜花，两边则是丰富的植物空间，进而把游人吸引到入口来。主入口结合开园季节，以春景中丰富的花卉品种构建起中层植物结合特色花境植物，营造春意盎然、热烈美好的氛围，迎接八方来客。主要植物品种有：重瓣榆叶梅、八棱海棠、京桃（红

图4 植物品种选择多样

图5 绿化植栽设计简洁明快，利用地形堆坡采用自然群落式种植方式，在视线交汇处设点景树

图6 多层次的植物群落创造出宁静的上海园

图7 强调乔木季相变化和各色观花、观叶地被气氛的烘托

花碧桃）、紫叶李、山楂、香花槐、紫丁香等。棚架上种植爬藤植物——藤本月季。结合闭园季节，以秋景色叶的乔木为背景，营造出北方浓浓的秋色，让入口成为上海园的第一个拍照取景点。植物品种有丛生蒙古栎、丛生五角枫、银杏、白蜡、栾树、金银木等。

2. 台地精致花园

该园取材当地的垒石和自然石头相搭配，竖向构图营造台地花园，土地利用的最大化改变视觉的各个层面。首先映入眼帘的是自然的垒石墙，拾阶而上，让人对未知的世界充满期待，这时一个洁白的玉环展现在我们面前，玉环上雕刻了漂亮的玉兰花瓣，在阳光的映射下无比精致。玉环框起的是一幅画一般的美景，小巧的溪流、精致的植物组合、远处的弧形桥以及自然的河道水面，包括每一位游客都成为画中的美景。同时黑色的镜面水更映衬着玉环的洁白，形成了上下倒影，给人美妙的感官享受。设计改变生活，而精致的园艺生活让城市之间友谊的小船驶向幸福的未来。

以乔灌木为主，营造丰富的林带作为公共道路与上海园之间的绿化屏障，形成公共区域到精致花园的过渡，同时考虑到秋景效果的展示，选择以北方落叶树种为主的树种，植物品种有：丛生蒙古栎、丛生五角枫、银杏、重瓣榆叶梅、紫叶李、京桃（红花碧桃）等。

上海园最引人瞩目的莫过于台地花园上的上海之眼，不管是平面布局，还是立起的玉环雕塑，都是透过上海之眼，告诉人们上海园艺的高速发展、精细化工艺及效果。白天象征上海之眼的玉环雕塑，洁白无瑕，朵朵玉兰花瓣，惹人喜爱；夜晚雕塑散发多彩光芒，更是成为焦点所在。

3. 自然生活花园

由台地精致花园一路向下，就到达了自然生活花园，与名字相符的是这个园子的主题，就

图8 以叶片的形状形成了入口的迎宾亭

图9 取材当地的垒石和自然石头相搭配，竖向构图营造台地花园

图10 白天象征上海之眼的玉环雕塑，洁白无瑕，朵朵玉兰花瓣，惹人喜爱

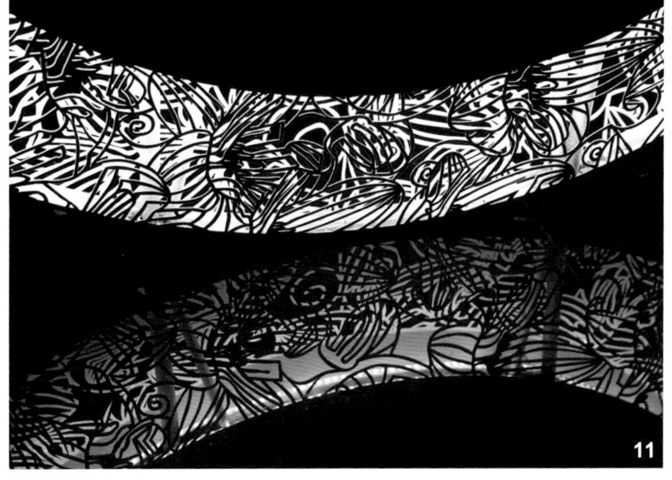

图11 细腻的刻花美轮美奂

图12　叶片亭处理成了彩色玻璃，让人眼前一亮

图13　廊架下是用废弃轮胎做成的公共艺术，同时轮胎也可以当成座椅，让人坐下休息

图14　一幅人居和谐的美好画面

是为了将园艺与我们的生活相互结合。看那花丛中的景观包厢，就好像是一艘花船驶入远方，而叶片亭在这里又一次出现了，只不过我们将原有入口的挂花，处理成了彩色玻璃，同样让人眼前一亮。更美妙的是当阳光洒在玻璃上色彩倒映在地面，结合周围花卉，形成了一个多彩的世界、多彩的生活空间。廊架下是用废弃轮胎做成的公共艺术，同时轮胎也可以当成座椅，让人坐下休息，真正达到自然与生活和谐共生的目的。

特色植物展示为观赏草与各种花境品种，展现的是园艺赋予生活的价值，引领生活时尚。植物品种有：粉黛乱子草、紫叶狼尾草、细叶芒、蓝羊茅、火炬花、‘典范’玉簪、‘双色火焰’萱草、金露花、银边八仙花等。

4. 互动水景花园

从陆地来到水边，这是一个模拟的小型湿地乐园，嵌入玉兰花瓣的月亮桥，将外湖与内湖巧妙联系起来，既能观赏到外围的自然景观，又能观赏到内部的海派精致花园。流水潺潺、花香浮动，美好景致尽收眼底，让人产生感官愉悦的游园体验。通过花境和水生植物品种，形成丰富的滨水景观，让人目不暇接。

植物品种有：五彩钓钟柳、金叶牛至、八宝景天、香菇草、睡莲、金鱼藻、黄菖蒲、密花千屈菜等。

5. 都市森林花园

都市森林花园以曲径通幽的道路、森林和大面积的花卉为主，希望让每一位观赏者穿梭其间，感受到都市中的自然清新之风，看到林中的小鹿在悠闲漫步。笔直的树林和成片的花卉打造通透的视觉景观，兼具大气和自然，让外界的自然河流在林中若隐若现。

图 15　嵌入玉兰花瓣的月亮桥，将外湖与内湖巧妙联系起来

图 16　水景设计使自然与人工相得益彰

图 17　跌水与植物配置

图 18　都市森林花园中，林间的小鹿在悠闲漫步

图 19　园路采用 3 种不同颜色石材用对缝与错缝的形式以营造细腻而赋予变化的铺地形式

植物品种有：丛生五角枫、丛生白桦、重瓣榆叶梅、蓝花鼠尾草等。

三、园路铺装

道路广场铺装材质规划为唐山本地材料与上海地方文化符号符合的、成本合理的、耐久性的材料。园路采用3种不同颜色石材用对缝与错缝的形式以营造细腻而赋予变化的铺地形式；同时采用木板与石材铺装形成软硬对比。为了达到节能环保的目的，所采用的石材均为花岗岩。防腐木则选择天然防腐的菠萝格。

四、景观照明

景观照明的照度及亮度不宜过高，以免造成光污染。照明的设备安装容量按《公共建筑节能设计标准》中的内容执行。照明光源采用LED灯、节能灯、紧凑型节能荧光灯及高效气体放电灯（金卤灯等），这些灯具有寿命长、光效高、透雾性强、一致性好并节能的特点，并选用光输出比不小于65%～80%的灯具，合理的配光，防止眩光的产生。根据绿化布置的内容来布灯，融灯光于自然环境中，创造高品质的景观环境，使之具有较强的自然生态氛围。

上海园以其巧妙的构思、特有的气质和雅致、丰富的七彩生活花园场景展现，令人赞叹不已。

21

22

23

24

图20 晚间的灯光变色使得玉环更加五彩缤纷

图21 晚间的叶片亭子

图22 夜晚的灯光与雕塑设计非常和谐

图23 合理的配光，防止眩光的产生

图24 夜间上海园的全景，宁静安详

从泰国圣托里尼公园看主题公园的规划设计要点

撰文 / 宫明军

作者介绍
宫明军 上海市静安区绿化管理中心副主任，高级工程师

上图 圣托里尼公园的街巷空间

圣托里尼公园(Santorini Park) 是泰国华欣七岩地区最新的旅游地标，距离泰国首都曼谷以南200多千米。该公园是一处结合购物与娱乐概念的旅游景点，整个公园充满着希腊圣托里尼岛蓝白色建筑美学的气息。蓝窗白墙的小房子内，是一家家精品小店，漫步其间，仿佛徜徉在童话般的世界里。

除建筑的基础蓝白色调外，整个街区点缀的小品、雕塑、涂鸦基本上都为彩色，而且是色彩特别艳丽纯粹的那种。建筑白色的墙面给人一种无法拒绝的纯净感，衬托其他亮丽颜色尽情地释放他们自己的个性。行走在彩色的世界中，有种不由自主的幸福感，犹如置身希腊圣托里尼小岛上，浪漫又惬意。

一、主题公园风格的选择

一般来说，主题公园与一般的休闲公园不同之处在于它的主题魅力，完美的主题能够给予游客难以忘怀的体验。公园所在地华欣是泰国集浪漫、放逐、清新、惬意这几大特色的一个地方，而希腊的圣托里尼岛更是以浪漫、清新而闻名于全世界的旅游胜地。这两个地方通过共同的主题相互联系起来，而且这个主题与当地旅游城市的风格相匹配和融合，使其能够成为当地最重要的旅游目的地之一，从这一点上看，泰国圣托里尼公园的主题选择是成功的。

主题公园是依靠设计创意来推动的旅游产品，因此，主题的选择就显得尤为重要。世界上成功的主题公园都是个性鲜明、印象深刻的，使人感觉就像在画中行走，给人留下难忘的回忆。这些公园一般采用连续不断的视觉提示使主题体现在公园的每一个板块和场所之中。主题线索贯穿公园的各个景点，使游客置身其中，每时每刻都能感受到主题的存在，从而才能留下深刻的印象。

反观我国部分主题公园的建设，更注重的是硬件的建设，追求园区的大而全，而对公园的精神核心主题部分却大部分是生搬硬套，牵强附会，进而导致公园的生命力不够长久，运营日渐凸显问题，最终逐渐被市场和游客所淡忘。

二、主题公园的规划设计要点

1．选址

选址好坏是影响主题公园设计成功与否

的重要因素。主题公园客源市场与周边地区常住人口和流动人口数量紧密相关。一般来说，主题公园周围1小时车程内的地区是其主打市场区位，2至3小时车程内的地区为其次要市场区位，无论是主要市场还是次要市场都需要一定的客流量和消费能力支撑，因此，在主题公园设计选址时，应首先考虑经济发达的地区和旅游度假目的地。

圣托里尼公园位于曼谷到华欣的必经交通要道上，距离曼谷约2小时车程，距离华欣约30分钟车程。华欣是泰国中部海滨小镇，距离泰国首都曼谷200多千米，它被称作是泰国最传统的海滨胜地，泰国王室贵族每年都会到华欣住一段时间，当今泰王就长期居住于此地的行宫。圣托里尼公园的选址一方面契合了华欣作为泰国传统旅游胜地的气质，另一方面有曼谷和华欣这两大旅游目的地的游客做支撑，因此，从这两方面看圣托里尼公园的选址是恰到好处，由此而带来游客的认同和好评，所以说想不火都不行。

2．功能分区

功能分区上从实用的角度来安排公园的活动内容，简单明确，实用方便。公园的功能分区强调景观游憩与功能活动的完美结合，因此公园设计是按活动内容来进行分区规划的，一个好的公园规划应当力求达到功能与艺术这两方面的有机统一。

圣托里尼公园共划分为游乐园区、购物区、休憩区、活动区、周末艺术市集等五大主题区，每个功能区都有相对独立的功能内容，最大的看点是将建筑功能化、景观主题化和商业游乐化。

（1）游乐区

面积约占公园的三分之一，以开敞广场空间为主，园内的游乐设施均为外国进口，包括40米高的摩天轮、从意大利进口的双层旋转木马、新西兰进口的G-Max反向高空弹跳和大秋千、加拿大进口的XD Dark Ride 7D互动游戏以及亚洲唯一的荷兰Wallholla攀岩等设施；另外，在室内还设置有泡泡屋和冰雪滑梯专门为儿童游乐的场所，小朋友可以体验各式互动刺激游戏和有益身心的活动，在亚洲还是第一次有如此全面的游乐设施和商业街区结合。

图1　圣托里尼公园的街巷明显有地中海风情

图2　走在圣托里尼公园的街巷，仿佛到了希腊

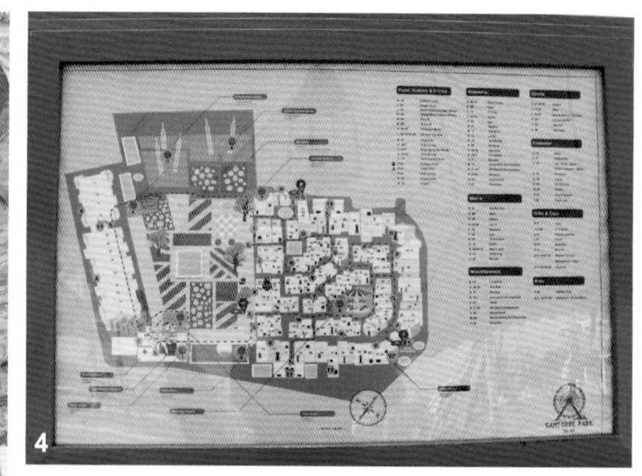

图3 旋转木马装饰精致，不仅吸引小朋友，也一定会吸引大人

图4 园区总平面

图5 摩天轮非常高大，可以鸟瞰园区

（2）购物区

以希腊的蓝白式建筑为依托，形成购物街区，面积约占整个公园的一半，有品牌商品以及各家店自行设计制作的商品。这一区主要是名牌时装、生活用品等等，还有精巧而且设计独特的手工艺品。购物区内店铺林立，主要是各大知名品牌的折扣店，和泰国本土设计的服装、饰物、精品等，满足不同游客的需求。

（3）休憩区

这一区设在路旁，主要为游客提供休息的地方，有餐厅、咖啡店、纪念品店、加油站等。

（4）活动专区

是为举办活动、表演、走秀以及音乐会所设立的场地，有超过3000平方米的音乐表演区。

（5）周末艺术市场

周末市场，专为喜欢艺术及手工制品的爱好者设立。

3. 设计细节

（1）雕塑小品

除建筑的基础色调蓝白外，点缀整个街区的小品、雕塑、设施基本上都为彩色而且色彩特别艳丽。节点空间设置有模仿法国艺术家妮基·桑法勒作品的喷水雕塑，整体雕塑形态圆润可爱，色泽艳丽。

（2）墙面装饰

街区的墙面和角落里都有各式小装饰、涂鸦和彩色拼图。墙面的涂鸦分几种，有五线谱音乐系列的，有阳伞系列的。墙面涂鸦结合特色盆栽，一个是好像两个抽屉从墙面处拉开，抽屉里种植的鲜花，结合墙面的绘画，非常别致而又有特色；另一个是结合墙面涂鸦为高低错落的花瓶，花瓶口为铸铁圆环，放置盆栽鲜花，形成立体组合花瓶的墙面装饰效果。

（3）绿植

公园绿化面积很小且数量很少，主要以列植和孤植的乔木为主，品种也是以棕榈和三角梅为多。植物种植点缀的恰到好处，一般在街区中心的节点广场上种植棕榈，在建筑的边角种植三角梅，有白色、玫红色、黄色等品种，在建筑蓝白底色的衬托下，显得格外亮丽。

（4）露台

可以沿着建筑一边的台阶上到二层的平

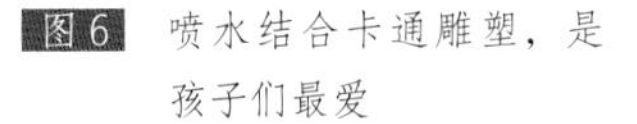

图6 喷水结合卡通雕塑，是孩子们最爱

图7 鲜花结合墙面绘画，非常别致

图8 节点空间的喷水雕塑色泽艳丽

图9 鲜花结合墙面涂鸦，生动有趣

图10 这个手绘一下子让台阶生机勃勃

图11 墙上的涂鸦与雨伞巧妙结合

图12 这株植物把一个逼仄的墙角装饰成为景点

图13　盛开的红色三角梅在白色外墙衬托下格外醒目

图14　厕所里一段空白墙体有了装饰小品，让人一下子感觉到了野外，忽略了水泥墙的简陋。

图15　另外一个厕所，一看就明白是海洋元素

台空间，这些平台空间是彼此独立的露台，有风铃和绿植等装饰，并可在此观看周边风景。

（5）铺装

园区内的地坪处理也相当简单，建筑街区中的地坪主要是以灰色水泥加白色油漆喷涂的碎拼花纹，配合蓝白色的建筑浑然一体。

（6）厕所

值得一提的是，圣托里尼公园的公厕可能是全泰国最漂亮的公厕，仍是以蓝白为主，将自然天光引入室内，室内靠墙一侧种植绿化植物，墙上有一系列小动物，或是鸟或是鱼，效果自然是赏心悦目。

4. 强调游客的参与

圣托里尼公园的座椅也是景观化，公园的座椅看似随意放置在墙角，但实际上每个放置座椅的地方都是一个小景点，方便游客坐下来和拍照。另外，涂鸦墙也是游客拍照的好地方，将景观与功能结合，同时也巧妙

图16 休息座凳与门廊颜色一致，整体感特别强

图17 色彩鲜艳的座凳与五彩缤纷的墙面装饰相映成趣

地将游客引入公园的整体设计，增加了游客的参与，拉近了景观与游客的距离。

主题公园就是为了满足旅游者多样化休闲娱乐需求和选择而建造的一种具有创意性活动方式的现代旅游场所。它是根据特定的主题创意，主要以文化复制、文化移植、文化陈列以及高新技术等手段，以虚拟环境塑造与景观环境为载体来迎合消费者的好奇心，以主题情节贯穿整个游乐项目的休闲娱乐活动空间。没有顾客参与的主题公园是没有生命的，主题公园的娱乐活动和空间场所应是游客不断去主动参与的。

三、我国当前主题公园建设的反思

我国当前主题公园的建设过于追求宏大，许多“巨无霸”式主题公园由于种种原因不能吸引到足够客源，因此往往形成主题公园建成之日就是公园面临经营窘困局面的开端。

1. 缺乏长久的生命周期力

目前我们相当数量主题公园是由纯观光性的静态人造景观组成的，园内参与性娱乐项目少，游客看过一次后大多不愿重复游览，因此主题公园重游率较低，公园的旺盛期较短，随着竞争的加剧，主题公园的旺盛期还有逐渐缩短之势。

2. 主题选择缺乏吸引力

公园主题的选择与公园所在地缺乏文化和内涵上的联系，不能得到游客群体的认同，公园与所在地不能形成旅游联动效应，因此也无法成为当地的旅游目的地，这样就无法保证一定的客流量。主题公园要取得竞争优势，只有根植于准确的主题选择、恰当的园址选择、独特的主题创意、系统的经营策略和深度的主题产品开发，这样的主题公园才能脱颖而出。

3. 主题产品衍生产业尚未形成

主题产品是主题公园产业的重要衍生物，主题产品开发是扩大主题公园市场影响、缓解主题公园投资风险的有效方法。国外实践经验证明，主题公园与媒体影视企业、玩具商、成衣商合作开发销售有关主题的系列产品，不仅可以帮助提高主题公园的重游率，而且可以给发展商带来丰厚的利润回报。

有种距离叫从效果图到现实

——从米兰世博会中国馆引发的争议说起

撰文 / 林小峰

上图 中国馆入口广场

2015年5月1日，2015年米兰世博会隆重开幕。这个展期长达184天的国际盛会预计吸引游客2000万人次。本次展览会有包括中国在内的142个国家和国际组织参展。米兰世博会主题为“滋养地球，生命的能源”，聚焦农业和食品，“可持续”与“创新”理念贯穿主题，旨在探寻为全球提供充足、优质、健康和可持续发展的食品保障，寻找合理利用资源、保护环境、滋养人类、反哺地球的有效途径。

2015年正值中意建交45周年，中国参展米兰世博会引起了中意两国政府的高度重视。世博会的场馆通常分为自建馆、租赁馆、联合馆三种。其中自建馆是重要参展国以综合国力为依托、以科技为支撑、围绕主题进行综合性展示的最重要的平台，展示面积大、科技含量高、筹备建设难度大。中国首次以自建馆形式赴海外建馆参展，4590平方米的中国国家馆是园区内除德国馆外（4900平方米）的第二大外国自建馆，这既是展示新的历史时期中国国家形象的一次重要盛会，也是展示中国设计水平的重要平台，引起了国际社会的高度重视和关注。

5月1日，中国国家馆隆重开馆。历经两年多设计、近一年建造的中国馆也同日接待五湖四海的宾客。在此次盛会前，各种媒体已经开足马力把中国第一次在海外自建馆的伟大意义广而告之，以“麦浪”为创意的效果图发到人人皆知，宣传其创新的设计、深厚的内涵、抒情的叙事、现代的设计语言，完美诠释中国文化。

特别是经过海内外中国馆方案招投标的中标单位也是大名鼎鼎，他们的宣传简介是这样赞誉自己的：“是清华大学控股的具有建筑设计甲级资质的企业，她的前身是具有建设工程室内设计甲级资质的清华工美环境艺术设计所。这是一个由著名建筑师、教育家创办的，以建筑设计、室内设计、环境艺术设计为主营业务的设计机构，曾参与2010年上海世博会未来馆和中国航空企业馆的建设工作。由于与清华大学美术学院之间有着深厚的学术渊源和相同的艺术传承，在此次2015年米兰世博会中国馆项目的设计过程中，充分发挥各自优势，在前期方案设计、施工图、深化设计、后期服务等各方面进行了深入的合作。中国馆的项目不仅仅是一次成功的设计典范，也是一次高等院校通过产、学、研结合打造国内高端设计水准的成功实践，为世界了解大美中国涂上了一笔重重的色彩。”

种种溢美之词吊足了国人与世人的期望，也许是应允了老话，盛名之下，其实难副。开幕之后，中国国家馆就遭遇了冰火两重天的评价，除了国内主流媒体以及设计施工单位自我宣传一片叫好外，去到现场的国内专业人员与游客则不以为然，中国游客网上、微信上的吐槽声不绝于耳。

先不介入争议，我们找出原来中标单位的效果图和实景照片一一对应，答案不辨自明。

一、建筑外观

平心而论，效果图上的建筑外观是有想象力的。按照说明书所述建筑正立面，是整个建筑流线最高潮的部分——高耸的胶合木结构屋架，宛如“群山”造型。中国馆的建筑外形提取了传统歇山式屋顶的造型元素，从空中看，如同希望田野上的一片“麦浪”；从正面看，如同自然山水的天际线；从背面看，又像是城市的天际线。设计师以满腔的激情表示“这是向中国传统的抬梁式木构架屋顶致敬，也为观众提供了可以纪念留影的巨大空间”。

为了实现中国馆屋面轻盈和大跨度的内部展览要求，建筑采用了以胶合木为主材的结构体系。屋面从下而上包括：钢木（胶合木）结构组成的结构屋面、位于结构屋面上的PVC防水层体系、结构梁上穿透防水层衔接遮阳竹板的支撑体系、参数化设计的竹板遮阳体系——这种“三明治”开放性建构体系，设计师自诩即使在世界范围也是创新的。位于中国馆屋面最上层，是由竹条拼接的板材所组成的遮阳表皮系统。这是以参数化“写”出来的屋面，完全不同于传统的通过审美判断“设计”出来的形式。按效果图的表达，竹板编织的肌理顺着竹板的角度在

图1 原来中国馆的建筑“麦浪”和真的麦浪效果图

图2 这是拍摄中国馆最好的角度拍出的，跟效果图有差距

图3 原来设计图内屋顶的效果

图4 现实中的屋顶板，看得到螺丝

图5 屋顶的粗糙不忍细看

图6 从室内看中国馆的屋顶

图7 实事求是地说，由于场地的局限和周边环境影响，要实现效果图上效果有难度

图8 美国馆可以把麦子种上墙，中国馆门口为什么地上都不能种呢

屋面上“流动”，光线透过竹编表皮漫射进室内空间，在PVC表皮上布下的斑驳投影，随着季节和时间的变换而变化，这个造化自然的“空”，就是最中国的空间。

效果图很美，设计说明也很好。现场一看，就不是那么回事。屋顶的钢筋粗且暴露，特别是竹板的固定简单无美感。原来的以玻璃为主的灵动透明感和现场以竹片组成的编织席子感反差太大，令脑海里还是效果图的观众猝不及防，一时间难以接受。

二、室外景观

中标效果图最吸引人、相信也是中标最大亮点的是建筑完全被一大片麦浪包围，风吹麦浪美不胜收，也很好地诠释了此次世博会的主题。新闻通稿是这样描绘这个景观效果的：在中国馆前区，有约1000平方米的室外园林景观。那是一片具有中国典型农业文明特征的田野。作物和植物密布的田野上，镶嵌着具有舞台功能的先农坛、具有舞台背景功能的故宫红墙、具有疏散功能的北京胡

同、具有主通道功能的意象江河等。这些景观元素与群山形的建筑相呼应，呈现出一片壮阔的中国大地景观。中国馆的园林景观由北京市承建，将结合有关元素宣传2019年北京世界园艺博览会。

然而，现场去的游客都被惊得说不出话来：说好的麦田不见了，壮阔的中国大地景观变成了一片万寿菊，还是不大的一片！美国馆可以把麦子种上墙，中国馆门口为什么地上都不能种？真是开了国际玩笑了。当然种万寿菊也属不易了，许多还是立体栽植的。但没有麦浪，不仅景观，连建筑的创意都不成立了。

三、 室内展示

室外没有达到效果图，毕竟室外制约因素多、难度大，可以理解。室内相对应该在材料、展示方式上更加可以灵活多变吧。当初的效果图也是美轮美奂，超炫超酷的。当时的设计要求不妨花些时间读下：中国馆展陈设计构建“天、地、人”横纵双轴结构，

图9 加进来的中国传统元素

图10 中国馆的门口，直接用了古代皇家园林照壁样子，配上现代LED屏幕，稍显得突兀。如果把照壁元素简化提炼下，效果是否更好

图11 中国馆夜景似乎比白天好些

横轴为主，依次以天、地、人，即哲学、智慧、地貌三个并列的横向内容划分。以纵轴为辅，即在“人”展区内，按从古至今的时间顺序排布中国馆内全部省（自治区、直辖市）的11个具体展项。“天”作为中国馆的第一展区，体现的是中国顺天谋发展，尊重自然的传统理念。在展陈设计上，打破常规，以营造听觉体验为手法，将天的变化、四季的运转与农事活动相关联。弱化文字解说，使观众通过亲身行走于静谧单纯的空间，聆听自然与耕作的声音，让“天人合一”哲学思想缓缓触动人心。“人”展区，即国家馆展览纵轴部分，着重体现中国人在农业与食品方面所呈现出的非凡智慧。该展区汇集中国10个省（自治区、直辖市）的11个展项，涉及中国农业与食品的各个领域。以“智慧”为核心主题，按时间顺序纵向排布，将展项划分为“农业文明”“饮食文化”和“未来科技”三个组团。“地”展区，以“希望的田野”为主题，展现中国大地厚重而又生机勃勃。采用多媒体艺术形式，由3万余根配有LED“麦穗”的人工“麦秆”组成，形成了巨大的动态影像，与建筑融为一体。“和”展区将以一部时长约8分钟完整的影片，描述中国人在发展农业、获取粮食和食品的同时，寻找与自然和谐平衡、反哺自然、推动可持续发展的思索。

这样富有创意的设计思想、前期精美梦幻的效果图，如果能真的实现该多好啊！然而，本文中的照片与现场体验更加真实，非常突出地暴露出馆内布置手法简单、表现形式单一、缺乏互动体验。花大精力拍的展示片子，动画效果一般，仅仅是大屏幕小LED的简单变化，同时片子中的人物过多，让国际游客增加理解难度。再对比其他国家展馆的表现形式，以及再次查看上述非常宏大的设计要求与奇幻的效果图不翼而飞，现实效果不用赘言。估计现场也是有很多栽植限制，造成跟室外一样不能种农作物。但是设计人员应该事前调查清楚，哪些能做哪些不能做；事后也应该明确告知游客，哪些有哪些没有，这样大家也是可以理解与接受的。而不是妙笔生花地表扬与自我表扬，这种自欺与欺人的做法严格来说，无论是对来现场的游客还是对国内观众都不尊重。

四、其他细节

在餐饮区、购物区等位置上，也是乏善可陈，餐饮地方狭小无法展示中国美食之都的形象，特色纪念品少，雅俗共赏吸引国际游客的纪念品更是凤毛麟角。

其实，本行业效果图与实际完成情况有差距是非常普遍的现象，以至于不少人产生了“效果图都是骗人的”刻板印象。分析一下这样情况产生的原因和针对措施，我们梳理了以下几个方面。

实事求是地说，效果图和现实肯定有差

图12 原来的就餐区效果图
图13 原来的放映厅效果图
图14 原来的入口展示效果图
图15 原来的室内展区效果图
图16 原来的中厅酷炫科技演示效果
图17 原来中厅气势磅礴的麦浪效果图

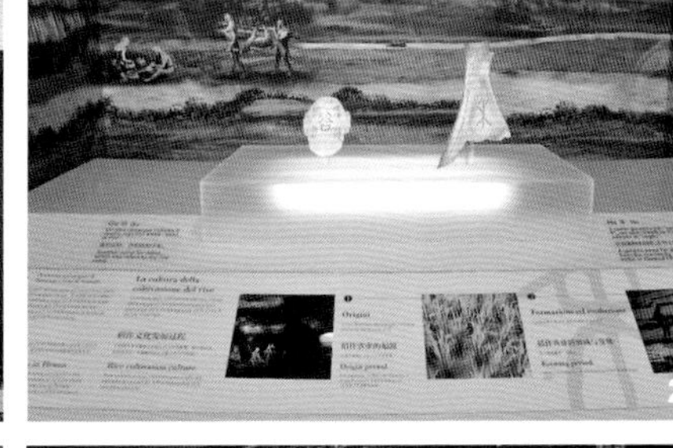

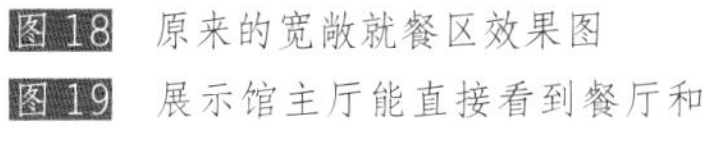

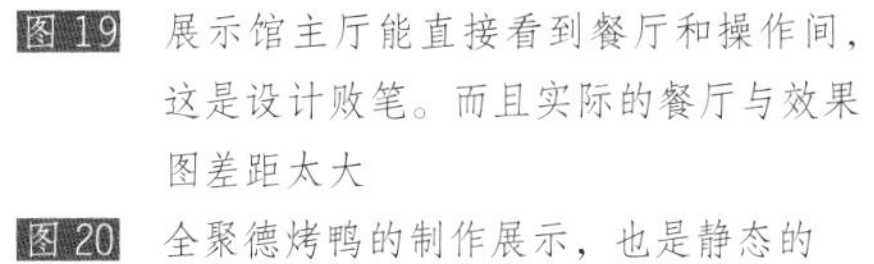

图 18　原来的宽敞就餐区效果图

图 19　展示馆主厅能直接看到餐厅和操作间，这是设计败笔。而且实际的餐厅与效果图差距太大

图 20　全聚德烤鸭的制作展示，也是静态的

图 21　销售区经过设计了，但产品、空间及尺寸不吸引人

图 22　三万多根发光的玻璃管组成方阵，变化的仅仅是颜色，如果游客能操作是否更好

图 23　孩子们其实很想知道或者参与展示，但是只能看

图 24　展示手段局限于屏幕、文字、图片，比较单一

图 25　中国馆的豆腐制作演示

图 26　展示中国丝绸之路的创意

图 27　中国馆内展区，显得过分朴素，也太过静态

图 28　中国馆内展示区

图 29　放映厅的屏幕

图 30　现实的放映厅实景

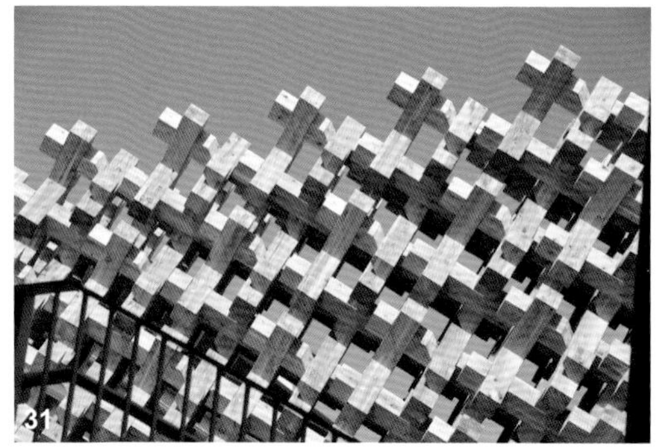

图31　比较一下日本馆的建筑结构与做工，中国馆没有展示出中国制造的真正水平

图32　看看德国馆对农业的展示

图33　美国馆的展示设计

图34　美国馆对农业的展示

图35　意大利展馆的迷幻感

距，因为效果图只是设计的一种表现形式，存在美化、淡化的常见情况，为了提高中标率，有时候会避实就虚，相对夸张，这都是可以理解的。而且现场情况制约因素很多，有些好的想法不一定可以实现，不可能施工图与竣工效果完全一致。

作为设计师或者施工单位，做方案时候既要天马行空的充满想象力，也要脚踏实地考虑到完成的可能性与运营的可操作性。不能相差到南辕北辙，不然，损失的是自己的声誉。

组办单位应该明晰展示目的、操作流程，选择好队伍，清楚效果图与现实的难点、重点、亮点，不要被效果图的表现迷惑，才可能出彩。各路评标专家也要有职业道德和专业素养，独立判断选择出真才实学的中标者，而不是人云亦云。

同时，各方都要把握宣传的度，不要自说自话，特别宣传中类似“许多国内外专家认为中国馆非常精彩、独特，是最值得期待的国家馆”这样的宣传，对于别人出于礼貌的溢美之词要有自知之明，简单自我炒作效果更差。因为现在是网络时代，真实的现场随时被直播，好坏高低观众心里有数，毕竟中国现在是有影响的大国，国人对国家形象要求越来越高，甚至吹毛求疵些。这也是为了国家好，包括本文的目的也不是让谁难堪，而是考虑到国家和企业花了巨大的人力物力，在全世界越来越苛刻的眼光下，希望我们展示出好的效果而不是好的效果图。

具体到本届米兰世博会。话说回来，世博会的工程面广量大，平心而论这次的中国馆不是最差的，很多地方已经比当年中国参加德国汉诺威博览会、日本爱知博览会改进很多。但的确存在效果与现实的反差，期待在下届迪拜世博会，中国馆可以更加名至实归。

图 36　日本馆对日本食材的展示，清晰动人，还有波普现代艺术的影子

图 37　意大利馆的声光电动的演示效果吸引人

图 38　越南馆的竹子演绎都很有现代感

图 39　游客对中国有兴趣，对中国馆充满期待

前卫先锋　另类独特

——法国肖蒙城堡国际花园艺术节印象记

撰文 / 林小峰

上图　城堡公园的主景如明信片一般漂亮

图1　肖蒙城堡花园平面图，公园主要由英国花园区、法国花园与展览区、城堡区组成

图2　肖蒙城堡是卢瓦尔河的一颗明珠，是世界文化遗产

图3　英国花园风格

图4　英国花园风格

图5　公园眺望台上可以看到卢瓦尔河的美景

图6　公园的眺望台

前卫先锋与另类独特，听上去像疯狂摇滚乐、小众话剧、实验电影、个性特展的形容词，作为中国园林人，很难想象这是用来描述一个花园设计展的，而且这个展还在法国古典园林里面。

据不完全统计，在法国大大小小的各类城堡有10000多座，其中比较著名的就有1000多座。若排起名气来，肖蒙庄园在这上千座城堡庄园里面可以名列前茅。她位于巴黎以南不到200千米的图尔市和布洛瓦市之间，挺立在卢瓦尔河40米高的岬角上。

城堡始建于10世纪，当时布洛瓦伯爵厄德一世修建了一座要塞用来保卫自己的领地。之后，诺曼骑士热尔杜安接受肖蒙要塞并将其加固为城堡。其子日夫鲁瓦继承了领地，因为没有子女，于是选择外甥女德妮斯·德·富日尔继承家业。德妮斯于1054年嫁入了昂布瓦兹家族，从此，城堡在长达5个世纪中都属于昂布瓦兹家族所有。

现在城堡的公园面积为21公顷，只是当年占地2500公顷的休闲园区的一部分。整个园区有着广阔的森林与草地，是由布罗伊公爵在1875年至1917年去世前逐步扩大成形的。休闲园区的诞生归功于布罗伊公爵的奇思妙想和园林建筑师亨利·杜谢利的完美设计，工程于1884年正式开始动工。在设计上，公园以英式自然风格为主调，微微起伏的岗峦、树林以及一些人工景物——水边的城堡、质朴的小桥。从图片中可以看出公园的这些主体部分是大家司空见惯的英式花园样式，一切十分“正常”。“不寻常”的部分出现在每年的4月到10月的肖蒙城堡国际花园艺术节。

肖蒙城堡国际花园艺术节创办于1992年，它的宗旨是给设计师提供展示花园创意的平台，激发公众对园艺的热爱，探索未来庭院的方向。艺术节每年展出20多个独立的小花园，每个面积200平方米左右。

每一届艺术节都有主题，提法各异绝不雷同。每年夏天，花园艺术节的主办方就提前发布下一年的花园设计主题，同时面向全球征集参展方案。如同“命题作园”竞赛，让设计师根据主题来构思创作。但主题有一点是相同的——不按常理出牌。从第一届的“愉悦”开始，每一次的主题都相对抽象，

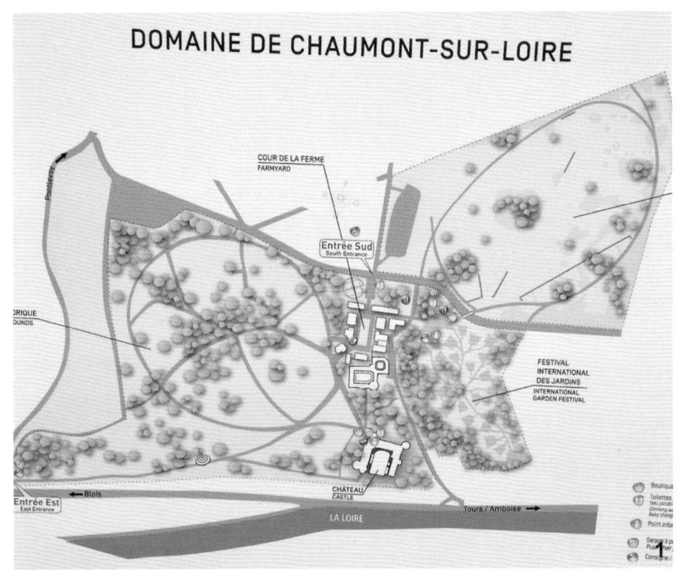
DOMAINE DE CHAUMONT-SUR-LOIRE
COUR DE LA FERME
FARMYARD
Entrée Sud
South Entrance
FESTIVAL
INTERNATIONAL
DES JARDINS
INTERNATIONAL
GARDEN FESTIVAL
CHÂTEAU
CASTLE
Entrée Est
East Entrance
Blois
LA LOIRE
Tours / Amboise
1

2

3

4

5

6

甚至晦涩。如“混乱”“在花园里玩耍”“分享花园”“移动”“厨园”“水”“色”“记忆”抑或是“具有治愈功效的花园”“未来花园——快乐的生物多样性”“下个世纪的花园”等等。这些开放性的主题给设计者既留下丰富的想象空间，也提出相当的难度，当然给游客理解也带来困惑。

以第23届肖蒙城堡国际花园艺术节为例来体会一下这个展的花园是如何与众不同、别开生面吧。这届的主题叫“七宗罪”，对于国人来说，还是先要知道何谓“七宗罪”。

贪婪：失控的欲望，是七宗罪中的重点。其他的罪恶只是无理欲望的补充。

色欲：肉体的欲望，过度贪求身体上的快乐。

7 8 9 10 11 12

饕餮：贪食的欲望，浪费食物或者过度放纵食欲，过分贪图逸乐皆为罪。

妒忌：财产的欲望，因对方拥有的资产比自己多而心怀怨恨。

懒惰：逃避的欲望，懒惰及浪费所造成的损失为懒惰罪的产物。

傲慢：卓越的欲望，过分自信导致的自我迷恋，以及过分渴求他人的关注为傲慢。

暴怒：复仇的欲望，源于心底的暴躁，因憎恨产生的不适当邪恶念头。

这些带有强烈的宗教意味与价值观追求的名词与形容词如何转成花园，真的让一般人无计可施，无处下手。但是难不倒参加艺术节的设计师与建造师。他们一般具有专业背景，但不局限于园林专业，还有跨界的建筑师、工程师、艺术家。为了给来年的施工充分的时间，设计方案一般在10月份提交，学生可以推迟一个月。当年底前就会确定中选方案，第二年的1月至4月间建造。随着花园展的国际影响力不断扩大，每年都有来自世界各地多达几百份的应征方案，评委会从中遴选出20多个方案。评选方案标准主要包括：主题鲜明、材料创新、表达方式、与观众互动性、耐久性、安全性、经济性与可行性等。

这里选取了8个案例，结合图片一起来看看这些有想象力的设计师们如何演绎那么难以驾驭的主题。

1. 守财奴

设计者为我们创造了一个吝啬的守财奴形象，入口以旱生植物园的形式去比喻守财奴财不外露、假扮清贫的外形。再往里走，可以发现晃人眼目的象征财富的金蛋堆成小山，但是那是守财奴的，游客被柳条遮挡住无法前行，暗喻守财奴的视财如命与一毛不拔。同时金灿灿的金蛋也在诱惑着外面的人，也暗喻了芸芸众生对金钱的渴望与无奈。设计者用不同的园艺手法，既向我们展示了守财奴表里不一、贪得无厌，也揭开了人对金钱的渴望。这个花园的寓意是天堂和地狱同在，欲望可以是动力，过分的欲望就是精神藩篱。

2. 双面的水仙

在中国的传统文化中，水仙花雅称“凌波仙子”，这雅号源于曹植《洛神赋》中有关洛水女神的传说。相传宓妃因不能与自己所爱的人结为伉俪而溺于洛水成仙，多情的诗人于是借其一缕芳魂，把湘衣缥裙的洛河女神喻为冰肌玉骨的水仙花。

在西方文化中，水仙花代表的花语是“自恋”。希腊神话中，有一个叫纳西索斯（Narcissus）的绝世美少年，少女们只要看到他就会情不自禁地爱上他，但他却看不上任何人。直到他看到了湖水中自己的倒影，被自己的美貌所打动，爱上了自己的影子，最后无法得到自己的影子而投河自杀，死后化身湖边的一株水仙花，“自恋”的花语由此而来。在西方，自恋和水仙是同一词。

这个以“水仙”命名的花园中，一个镶金边的镜面水池藏在密林中，这个时候城堡仿佛在模仿一个爱上自己倒影的男子，陶醉在自我的世界里。设计师善意地提醒人们自尊自恋是人的本能，但是还要自省与节制。

图7 “守财奴”：入口处穿过干燥的外部空间，便走进了一个半封闭的绿色走廊

图8 “守财奴”：它引诱着你去深入，可是当你走近后会发现，长廊尽头用交错的柳条封锁了起来

图9 “守财奴”：一个拜金式的、放满了金蛋的、全封闭的内部世界

图10 “守财奴”：走在干燥的矿坑花园时，设计者用仙人掌类耐旱的植物去暗喻这些守财奴想要榨干世界的决心

图11 “守财奴”：设计师为我们创造了一个吝啬的守财奴的形象，入口以枯山水的形式去比喻守财奴财不外露、装清贫的外形

图12 “守财奴”：从旱生园的角度来看，园子设计的有装饰感

图13 “双面的水仙”：在西方，自恋和水仙是同一词

图14 “双面的水仙”：城堡仿佛在模仿一个爱上自己倒影的男子，陶醉在自我的世界里

3. 盛开

在你还没有入场的时候，就会远远地被一张巨大的白色圆形餐桌和被围绕在里面的红色花坛所深深吸引。染色的覆盖物与红色花卉色彩鲜艳，仿佛那里有充满食欲的饕餮盛宴在等待着你。然而，但当你试图尝试靠近，便会发现这个餐桌是一个不可逾越的屏障，无论你怎么绕行，终无法到达那些盛放的食物面前。设计师试图去唤起人们内心强烈的挫折感，去揭示暴食的欲望是人类的原罪之一。

但这个花园的独特之处在于，当你因为不能享用美食沮丧之时，作为一种补偿，你可以在此处看到卢瓦尔河美丽的、独特的风景。设计师在提醒人们，不要简单沉迷于美食，美景也不要辜负。

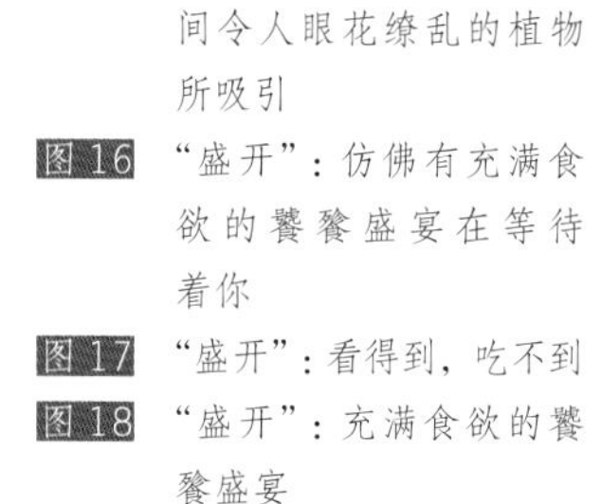

图15 “盛开”：当你置身园中，你会立刻被一张巨大的餐桌和被围绕在餐桌中间令人眼花缭乱的植物所吸引

图16 “盛开”：仿佛有充满食欲的饕餮盛宴在等待着你

图17 “盛开”：看得到，吃不到

图18 “盛开”：充满食欲的饕餮盛宴

图19 “盛开”：象征色彩鲜艳的食物刺激着视觉和味蕾

4. 高级成衣

这个花园以鲜花装扮的礼服特别独特，它代表着所谓“高雅文化”的奢侈繁复、纸醉金迷、孤芳自赏。黑色的面具代表嫉妒，揭示高级成衣能唤起自己的炫耀，也能唤起他人嫉妒的目光和贪婪之心。

也许这就是设计者向人们传达的寓意：骄傲和嫉妒总是相伴而生的，当你自鸣得意的时候，嫉妒招来的窥探和憎恨也同时存在着。所以，还是低调点好。

5. 点金术

这个花园的创作灵感来自《点金术》的故事，花园的中心是一株金色的镀金树木，它华丽、灿烂，但却是死的，毫无生机。

在小径的另一边，花园均匀地种植金色的植物，游客有时候会被这些金色的植物弄得眼花缭乱。《点金术》故事里的国王会点石成金，他所触及之物包括心爱的女儿全变成金子，由财富带来了一场灾难，等到真正意识到什么是最宝贵的时候却悔之晚矣。设计

图 20 “高级成衣”：高档时装唤起自豪感，但渴望炫耀、暴露于他人的同时，也能唤起他人嫉妒的目光和贪婪之心

图 21 “高级成衣”：在这个花园里，高雅奢侈的花裙代表骄傲，黑色的面具代表嫉妒

图 22 “点金术”：花园均匀地种植金色的植物，有些游客会被这些金子弄得眼花缭乱

图 23 “点金术”：靠近一颗令人羡慕的完全镀金的树

图 24 “火山的爱”：这个花园带领我们走向毛利神话中的一个古老传说的旅程

图 25 “火山的爱”：漫步在被三座火山环绕的热带植被中

图26 “火山的爱”：被拟人化的三座火山发生了嫉妒与仇恨

图27 “火山的爱”：用园林手法做的火山

图28 “倒置的天堂”：中央步道上，从地面上升的石板使人们感觉地面好像下坠

图29 “倒置的天堂”：可以看到一片沙漠，在烧焦的土地上除了带刺的仙人掌什么都没有生长

图30 “倒置的天堂”：各种各样死去的树象征被消费者浪费

师期望人们不要为财富沉迷，拒绝这没有了味道与生活气息的奢华人生。

6. 火山的爱

这个花园带领我们走向毛利神话中的一个古老传说。这个传说讲述了火山塔拉纳基和鲁阿佩胡：从前的两个要好伙伴，都在为喜欢火山的汤加里罗而感到绝望，一场激烈的争吵终结了它们的友谊。有什么比垂涎一个女人的爱更能引起争斗并导致战争的呢！

设计师用园艺手法做出了栩栩如生的火山，拟人般地把人类社会的复杂爱恋关系进行了推演，坦承了暴怒、色欲的罪过。

7. 倒置的天堂

这个花园颠覆了我们心目中对传统花园的认知。在进入“花园”后你会马上感觉到来自地面上的强烈的橡胶味，这些废轮胎碎片在太阳下暴晒后发出灼热和气体，让人想逃离。随后你会被各种各样死去的树以及象征被消费者浪费和过度砍伐的遗迹所震撼。在步道上，从地面上升的石板使人们感觉地面好像下坠。在步道尽头的末端，你可以看到一片沙漠，在烧焦的土地上除了带刺的仙人掌寸草不生。

这个花园在督促人类反思，目前地球的环境污染与生态危机来自于人类对自然环境的索取与破坏，再不警醒，天堂也会失落。

8. 无贪之绿

如果要使草坪看起来翠绿，完全可以使用不用浇水和杀虫剂的人工草坪。可是当自然变成了一个完全由人类控制的合成自然时，自然变得不再是自然了。这个“自然”虽然不需要任何的维持物，但它却毫无生机……花园所包含的内涵是矛盾、对立和挑战，很难有正确答案。

通过上面几个案例已经可以领略肖蒙花园艺术节的天马行空，甚至是在花园领域的“离经叛道”。实事求是地说，很多做派已经不在我们所认知的花园领域，是不是可以算为花园还可以谈论争议。但是这不意味着花园艺术节的不正宗，恰恰相反，这正是它的价值所在。一年一度的国际花园艺术节已有700余座代表未来理念的花园原型在园中展出，借着这个平台脱颖而出，是新一代园林工作者、建筑师、时尚设计师、布景设计师和园艺师们展露才华的必选之地。他们的作品不免稚嫩、粗糙，甚至不知所云，但作为园艺潮流的先锋，他们推陈出新、跨界整合，新理念、新品种、新材料、新工艺层出不穷，与其前所未有的手法让花园这一“生活的艺术”重新绽放活力。

肖蒙城堡国际花园艺术节已经成了全世界景观设计领域一道不容错过的亮丽风景，每年吸引20多万参观者，这在国外就已经是天文数字的游客量了。它给国内园林展会最大的借鉴是，鼓励跨界与原创。长期以来，我们的园林展会是政府行业部门的自循环，是城市行业主管部门与其下属单位为主体的展示，所做的花园基本上是本地风景与名胜的复制，经过懂行与不懂行的领导层层审批，方案中规中矩，绝对不会越雷池一步。其实，目前国内的建造水平已经相当不错，但是比较下来总觉得似曾相识与大同小异，缺少意料之外的惊喜与打动人心的情感。针对这个短板，开门办园、鼓励原创、支持创新、允许失败、提携后辈、跨界合作，可能才是我们园林展会更上一层楼的选项吧。

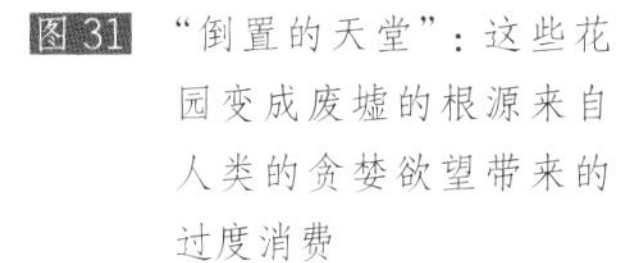

图 31　“倒置的天堂”：这些花园变成废墟的根源来自人类的贪婪欲望带来的过度消费

图 32　“倒置的天堂”：在这里人类应该好好想想，生存还是毁灭

图 33　“倒置的天堂”：设计师谴责这个过度消费的社会给自然与人类社会带来的灾难

图 34　“无贪之绿”：这个满是绿色的“自然”虽然不需要任何的维持物，但它却毫无生机

参考文献 REFERENCES

陈胜洪, 陈静. 中国阳山桃文化博览园——基于三元论的桃文化景观保护和管理[J]. 人文园林. 2016(6).

陈胜洪. 关于中国园林传承与创新的一次探索——杭州西子湖四季酒店庭院景观营造[J]. 人文园林, 2011(08):18-29.

林洪波. 中国大城市新城建设研究[D]. 首都经济贸易大学, 2006.

林箐. 法国肖蒙城堡国际花园艺术节[J]. 风景园林, 2011(03):92-95.

刘滨谊. 风景园林三元论[J]. 中国园林, 2013(11):37-45.

南楠. 园林展规划策略和会后利用研究[D]. 北京林业大学, 2007.

田夏梦. 园博会中城市展园设计探析[D]. 南京林业大学, 2012.

张宝仁, 赵殿恒. 论城市林业的效益及其发展方向[J]. 吉林林业科技, 2000 (03):49-51. [4]

张捷. 当前我国新城规划建设的若干讨论——形势分析和概念新解[J]. 城市规划, 2003(5): 71-75.

赵立. 艺术与自然最完美的结合——记英国著名的米奈克剧场[J]. 中外文化交流, 2001(2):55-55.

珍妮·列依, 韩锋. 乡村景观[J]. 中国园林, 2012(05):19-21.

周蝉跃, 庄伟. 园林展城市展园的创新——以武汉园博会上海园为例[J]. 中国园林, 2016, 32(3):21-25.

朱隆斌. 德国的城市建设与规划设计思想的演变[J]. 中外建筑, 2001(06):42-44.